사회기반·환경분석을 위한

GIS

Geograpic Information System

시바사키 료스케 무라야마 유지 편저 충남발전연구원 옮김

기문당

柴崎亮介・村山祐司編 『社會基盤・環境のための GIS』(シリーズ GIS 5), 朝倉書店, 2009.

| 머리말 |

지리정보시스템(Geographic Information Systems)은 지리공간정보를 취득, 보존, 통합, 관리, 분석, 전달하여 공간적 의사결정을 할 수 있도록 지원하는 컴퓨터기반기술이다. 보통은 각 단어의 앞 글자를 따서 GIS라고 한다.

역사적으로 볼 때 GIS는 국토계획, 도시 · 교통정책, 통계조사, 시설물 관리 등을 목적으로 연구개발되기 시작했다. 따라서 처음에는 공공공익기업, 민간기업의 실무나 행정업무를 담당하는 전문기술자 또는 대학에서의 연구자 등 그 이용이 제한적이었다. 이렇듯 1990년대 후반까지 일반인들에게 GIS란 전문적인 도구라는 인식이 강했으며, 실생활에서 친숙하게 쓰이지는 않았다.

그런데 21세기에 접어들면서 많은 변화를 보였다. PC보급, 소프트웨어 프로그램의 저가격화, 데이터 유통 등과 같은 상황을 맞으며 비즈니스맨, 지자체 직원, 교사, 학생 등은 말할 것도 없고 일반가정에서도 GIS를 사용하기 시작했다. 그리고 이제 GIS는 행정이나 기업의 일상 활동에 없어서는 안 될 도구가 되었으며, 자동차 내비게이션, 인터넷 지도 검색 · 경로탐색, 휴대전화의 지도정보 서비스를 비롯해 우리 일상생활에도 깊이 파고들었다. 오늘날 유비쿼터스, 모바일, Web 2.0, 리얼타임, 쌍방향, 참가형 같은 말이 GIS의 수식어로 쓰이는 것만 봐도 누구나 어렵지 않게 GIS를 사용하는 시대가 되었다고 할 수 있다.

2007년 5월 제166회 통상국회에서는 「지리공간정보활용추진기본법」이 통과 · 공포되었다. 이 기본법의 이념은 위성측위(衛星測位)에 의한 정확한 위치정보를 누구나 안정적으로 얻을 수 있는 환경을 구축하고, 기반 지도의 정비와 공유화에 의해 행정 운영의 효율화와 고도화를 꾀하며, 새로운 산업 · 새로운 서비스를 창출하여 지역활성화를 도모하고, 지역방재력과 약자 보호력을 높여 국민생활의 편리성을 향상시키는 것이다. 또한 통계법과 측량법도 함께 개정되어 앞으로 GIS 관련 시책에 대한 사람들의 기대는 날로 증가할 것으로 보인다. 위치나 장소를 핵심으로 필요한 정보를 쉽게 검색 · 통합 · 발신 · 이용할 수 있는 지리공간정보의 고도활용사회가 실현되는 것도 그리 먼 이야기가 아닌 듯하다.

지역사회에서는 GIS를 활용한 새로운 서비스가 등장할 것으로 예측하고, 특히 행정이나 비즈니스 분야에서 GIS 기술자의 새로운 고용이 발생할 것이다. 이에 따라 실무자 교육이나 기술자격제도를 확충할 필요성이 각 방면에서 지적되고 있다. 또한 일상적으로 GIS를 활용할 수 있는 사람과 그렇지 못한 사람 간에 'GIS 격차'가 생기지 않도록 지역에 밀착한 GIS 교육과 계몽활동을 효과적으로 실시해나가는 것도 필요하다.

한편 학술 분야에서는 1990년대에 '지리정보과학'이라는 분야가 생겨 학문적인 분야로서 존재감을 높이고 있다. 대학에서는 이 분야에 관심을 갖는 학생이 늘고, 커리큘럼이나 관련 과목도 충실해지고 있으며, GIS 관련 졸업 논문을 작성하는 학생도 늘어나고 있다.

이에 GIS의 이론 · 기술과 실천, 응용을 체계적으로 다룬 전문서가 필요하다는 데 인식을 같이 했고, 그 요구에 부응하기 위하여 책을 출판하게 되었다. 이미 현장에 종사하는 실무자나 연구자는 물론이고 학생 및 사회인을 위한 실용서를 만들기로 하여 총 5권의 시리즈가 완성되었다. 책은 각 분야에서 활약하고 있는 전문가들에 의해 집필되었다.

총 5권 시리즈 중 제1~2권은 기초편, 제3~5권은 응용편으로 나뉜다. GIS가 발전하는 데 있어서 기초(이론과 기술)와 응용(애플리케이션)은 상호보완적이다. 기초의 심화는 애플리케이션의 실용성을 향상시키고 응용의 폭을 넓힌다. 또한 애플리케이션으로부터의 피드백은 새로운 이론과 기술을 만들어내는 밑거름이 되어 기초연구를 더욱 진전시킨다. 즉 기초와 응용은 자동차의 양쪽 바퀴 같은 역할을 한다고 할 수 있다.

제1권은 'GIS 이론'에 대한 내용으로 구성되었다. GIS를 단순한 도구나 수단이 아닌 지리공간정보를 처리하는 범용적 방법을 탐구하는 학문으로 인식하고, 그 이론적 발전에 대해 논하고 있다. 도구에서 과학으로 패러다임 시프트를 거쳐 GIS의 개념과 원리, 분석기능, 모델화, 실증분석방법, 방법론적 구성 등에 대해 설명한다.

제2권은 'GIS 기술'에 대한 내용으로 구성되었다. 측량, 원격탐사(리모트센싱), 위성측위, 센서 네트워크를 비롯해 지리공간데이터를 취득하는 방법과 계측방법, 지리공간정보의 전달기술, 유비쿼터스 GIS나 공간 IT 등 GIS에 관한 공학적 방법, GIS의 계획 · 설계, 도입과 응용, 공간데이터의 상호운용성과 지리정보표준, 국토공간데이터 기반, GIS 기술을 지원하는 학문적 배경 등에 대해 실제 사례를 들면서 설명한다.

제3권 '생활 · 문화를 위한 GIS'에서는 의료 · 보건 · 건강, 범죄 · 안전 · 안심, 재해예측도 · 재해 · 방재, 내비게이션, 시민참가형 GIS, 커뮤니케이션, 고고학 · 문화재, 역사 · 지리, 고지도, 스포츠, 엔터테인먼트, 교육 등을 다룬다.

제4권 '비즈니스 · 행정을 위한 GIS'에서는 물류 시스템, 농업 · 임업 · 어업, 시설관리 · 라이프 라인, 지역 마케팅(출점계획, 상권분석 등), 위치정보 서비스(LBS), 부동산 비즈니스, 도시 · 지역계획, 복지서비스, 통계조사, 공공정책, 비용 대비 효과분석, 비용편익분석 등을 다룬다.

제5권 '사회기반 · 환경을 위한 GIS'에서는 도시, 교통, 건축 · 도시경관, 토지이용, 인구동태, 산림, 생태, 해양, 수자원, 경관, 지구환경 분야에 GIS가 어떻게 활용될 수 있는지 소개한다.

이 같은 시리즈를 통해 GIS 발전에 조금이나마 도움이 될 수 있기를 바라며, 이 책들을 발간함에 있어서 많은 협조와 조언을 아끼지 않으신 아사쿠라 서점 편집부에 진심으로 감사드린다.

시바사키 료스케
무라야마 유지

GIS는 한 분야에서의 이론이 아니라 모든 학문의 분야가 연계된 명실상부 실용학문으로 자리잡게 되었다. 예를 들면 모든 사람들이 활용하고 있는 내비게이션도 공간정보와 속성정보로 구성된 GIS 데이터가 기본이고, 유비쿼터스 환경을 실현하기 위해서도 GIS의 공간정보를 기초로 하고 있다. 더욱이 모바일, 스마트폰, 양방향, Web 2.0 환경, 위치정보, IT기술과의 융 · 복합 등으로 GIS는 특정인의 사용이 아닌 일반인들이 사용하는 분야가 되었다.

우리나라의 공간정보는 국가주도하에 1995년부터 2010년까지 5개년 단위 기본계획이 수립되어 추진 · 완료되었다. 초기 데이터 구축을 시작으로 한 GIS 기반조성 단계, GIS 활용 · 확산 단계, GIS 연계 · 통합 단계를 거쳐 현재 제4차 국가공간정보정책(2010년~2015년)은 통합 · 공유에 목표를 두고 추진되고 있다. 제4차 국가공간정보정책은 유비쿼터스 환경으로 패러다임이 급변함에 따라 국가공간정보체계의 효율적 구축 · 활용 · 관리를 위한 정책이 수립되었고, 공간정보의 공유 · 활용에 따라 녹색성장을 위한 그린(GREEN) 공간정보사회 실현을 비전으로 추진되고 있다.

일본에서도 GIS는 전문적인 도구라는 인식에서 이제는 일반인들이 쉽게 필요한 정보를 검색, 분석, 적용할 수 있는 분야로 인식되고 있다. 또한 2007년 지리공간정보활용추진기본법이 제정되어 지리공간정보의 고도활용사회 실현 및 GIS를 활용한 행정의 효율화, 새로운 서비스 산업 창출로 지역경제 활성화, 재해저감, 위치정보를 활용한 생활의 편리성 제고 등을 기대하고 있다.

이러한 환경에서 GIS의 이론, 기술과 실천, 응용을 체계적으로 다룬 전문서 1~5권이 출간되었다. 이 책은 다양한 분야의 사람들이 활용할 수 있으며, 특히 본 서(5권)는 도시, 교통, 건축 · 도시경관, 토지이용, 인구, 산림, 생태, 해양 등 사회기반 · 환경 분야에서 GIS가 어떻게 활용되고 있는지를 소개하고 있다. 이 책을 통해 GIS의 다양한 활용에 대해 알아보고 각 분야에서 다각도의 접목 및 활용을 기대해본다.

이 책이 출판되기까지 정성을 다해 원고를 번역한 역자들의 노력과 감수를 해주신 교수님들, 그리고 출판을 흔쾌히 허락해주신 기문당 강해작 사장님께도 감사의 말씀을 전해드린다.

2012년 5월

충남발전연구원장 박 진 도

| 차례 |

1 개 론

이 장은 사회기반 · 환경을 위한 GIS(Geographic Information Sy-stems : 지리정보시스템) 개론이다. GIS분석은 다양하지만 그 중에서도 특히 사회기반이나 환경과 관련하여 많은 사람들이 공통적으로 사용할 수 있는 지도 및 이를 다루는 소프트웨어에 관한 기술 · 제도가 어떤 것인지를 살펴보고자 한다. 구체적으로 지금까지의 역사적 흐름, 행정이나 민간 비즈니스에서의 이용실태, 앞으로의 역할분담, 법 · 제도 등에 대해 소개하고자 한다.

1.1 들어가며

GIS가 시스템으로서 처음 선보인 것은 1960~1970년대 미국 · 캐나다를 중심으로 연구된 TIGER(Topologically Integrated Geographic Encoding and Referencing)가 최초인 것으로 알려져 있다[1]. 이후 많은 사람들이 GIS를 이용할 수 있게 된 것은 TIGER를 기반으로 한 미국 ESRI 최초의 상용 GIS 소프트웨어인 'ArcInfo'가 출시된 1981년이다. 이러한 GIS 소프트웨어는 지도를 이용한 전문가용 분석 툴로 사용되었고, 자동차 내비게이션 분야는 일반소비자를 위한 지도이용이 모색된 최초의 사례라고 할 수 있다. 자동차 내비게이션 개발은 역사적으로나 현재 시장

상황으로 보나 나날이 발전해가고 있다. 일본의 경우 혼다사(社)의 자이로식 자동차 내비게이션(당시에는 GPS 미사용)이 같은 해 1981년에 출시되었으며 이것이 최초인 것으로 알려져 있다[2].

이후 나라마다 디지털 도로 지도(Digital Road Map : DRM)정비와 실시간 교통상황 표시를 위한 VICS(Vehicle Information and Communication System) 등이 활성화되었고, CD-ROM 등을 주체로 한 자동차 내비게이션이 1990년대에 보급되기 시작했다. GIS 소프트웨어는 메인프레임 주체로 운용되어 소위 말하는 시스템에 능통한 사용자가 이용하는 시대가 오랫동안 계속되었으나, 1990년대 중반에 보급된 Windows의 영향으로 PC를 주체로 한 일반사용자가 증가하였으며 동시에 데이터 정비가 진행되어 일본에서도 1995년 전국의 디지털 지도를 다룰 수 있는 소프트웨어(젠린사)가 출시되었다[3].

2000년에 들어서자 인터넷 보급이 활발해지면서 웹에 의한 각종 데이터 공개가 시작되었다. 특히 국가정책으로는 1995년 한신 · 아와지 대지진을 본보기 삼아 GIS를 활용한 피해상황의 신속한 공유가 필요하다는 것을 인식하고 국토수치정보, 세대 위치참조정보, 수치지도 등의 정비와 전자국토의 공개가 진행되었다[4]. 한편 민간 분야에서는 인터넷 분야에서 가속도를 올려 Web 2.0시대로 접어들었다. 2004년에는 Google사가 Google Maps를 공개하여 일반소비자가 무상으로 정보를 발신 · 열람할 수 있는 광고 분야, 비즈니스 모델의 폭발적인 보급이 진행되어 GIS 분야에 커다란 충격을 주었다.

자동차 내비게이션도 인터넷 내에서 자리매김하는 가운데 CD-ROM에서 HDD나 통신을 기반으로 한 리얼타임성(real time)을 중시한 타입으로 변모하였으며, 이와 동시에 안전운전지원 등 보다 실생활을 지원할 수 있게 발전되었다. 이상의 내용을 정리하면 그림 1.1과 같이 나타낼 수 있다.

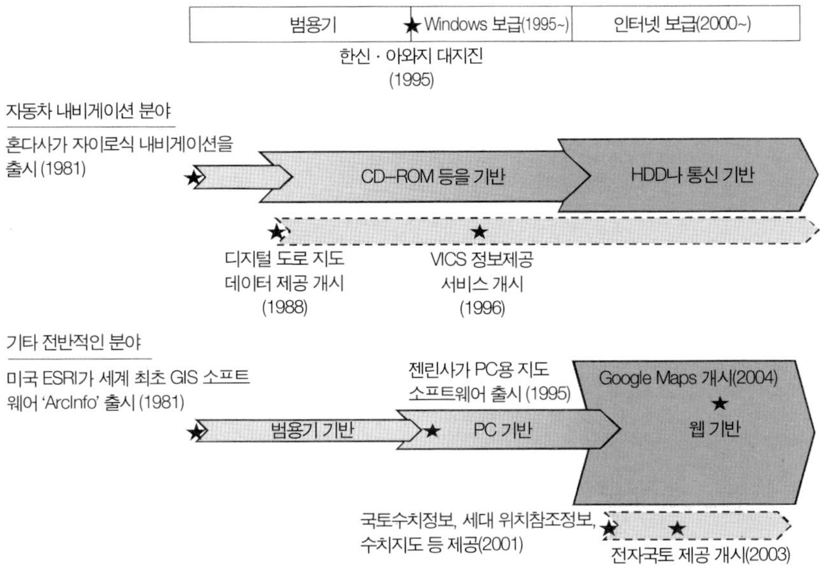

그림 1.1 **사회적 기반으로서 GIS추진 경과(점선은 일본 정부의 시책에 의한 것)**

1.2 공공사업에의 활용

사회기반으로서 GIS의 간략한 역사에 대해서는 앞 절에서 이미 설명했지만, 여기서는 그러한 일반적 이용이 아닌 행정 주체의 이용에 대해 설명하고자 한다. 행정 측면에서는 지역주민을 위한 정보를 제공하거나, 공공사업에 대한 설명을 직접 해야 하는 책임이 있기 때문에 그 취지를 한눈에 이해시킬 수 있는 시각화방법을 모색하고 있다. 이러한 의미에서 GIS는 많은 정보를 응축시키는 데 적합하다고 할 수 있다. 예를 들어 그림 1.2는 도로에서의 교통정체에 따른 경제적 손실을 입체적인 3D 맵으로 표현하였다(색이 짙을수록 정체 손실액이 큼). 이 경우 도쿄 23개 구의 중앙부와 순환선 주변의 정체 손실을 확실히 알 수 있다. 또한 그림 1.3은 하천 유역의 위성영상과 표고데이터, 강우량의 시뮬레이션 데이터로 시간별 예측 침수상황을 나타낸 것이다. 이는 표고데이터가 있으면 물이 어느 방향으로 흘러가는지 간단하게 알 수 있기 때문에 상당히 정확한 침수상황을 예측할 수 있다.

또한 도시재생이라는 관점에서 보면 토지거래가 활성화되기 쉽도록 각 토지소유권자*의 경계를 확실히 해야 한다. 이를 위해 2004~2006년에 지적조사사업이 추진되어 지적도가 정비되었다(그림 1.4).

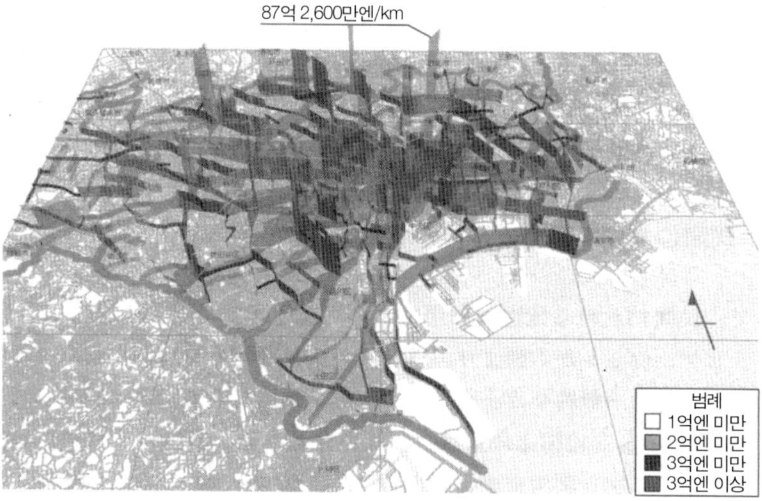

그림 1.2 **교통정체에 따른 경제적 손실 3D 맵(자료 : 국토교통성 홈페이지)[5)]**

그림 1.3 **침수 예측 시뮬레이션(자료 : 내각관방 홈페이지)[6)]**

* 원서 표기. 地權者

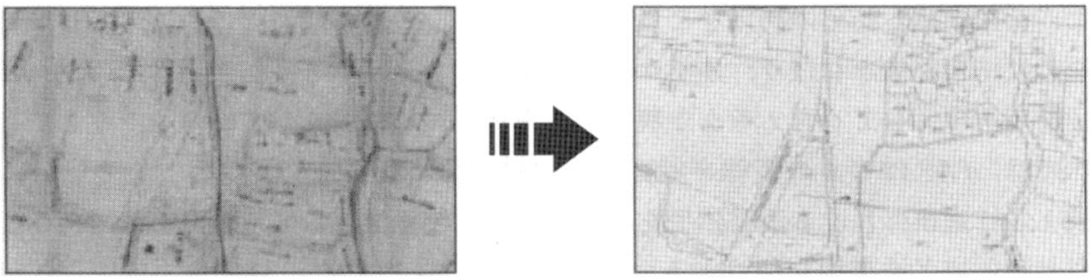

지적조사 전 지도(자한도*)　　　　　　　　지적조사 후 지적도

그림 1.4　**도시재생사업을 위한 지적조사의 추진(자료 : 국토교통성 홈페이지)**[7)]

1.3 민간의 새로운 서비스 활성화

한편, 민간의 지도이용에 대해서는 1.1절에서도 설명했듯이 1981년 자동차 내비게이션을 시작으로 웹 확대와 더불어 날로 활발해지고 있다. 그림 1.5는 일반적인 자동차 내비게이션의 화면이다. 차에 설치된 GPS를 지도상에 중첩(overlay)시키고 그와 동시에 약간의 오차에 대해서는 도로상에 맞게 맵 매칭(map matching)하거나 흔들림을 센싱하는 자이로를

그림 1.5　**내비게이션의 전자지도 이용(자료 : 파이오니아사 제품)**[8)]

* 역주. 축척 1 : 600 정도의 정확한 지적도로, 일필지를 조사 · 측량하여 만든 필한도(筆限図)를 기초로 자(字)별로 만든 일본의 지적도

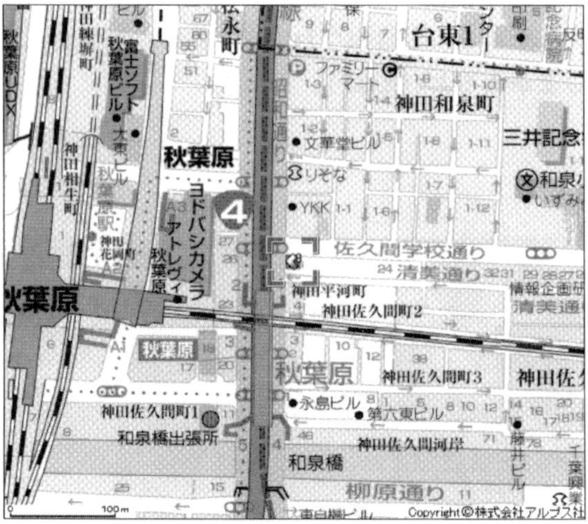

그림 1.6 웹에 의한 전자지도를 사용한 음식점 안내
(자료 : 구루나비 홈페이지)[9)]

이용하여 꽤 정확한 위치를 알 수 있게 되었다. 그림 1.6은 웹에 의한 전자지도를 사용한 음식점 안내도이다. 인터넷의 폭발적인 보급에 의해 가고자 하는 장소를 URL로 표현하고 메일로 보내는 등의 이용이 늘고 있는데, 현재 가장 알기 쉬운 사례가 되고 있다.

1.4 사회기반을 지원하는 역할분담의 변화

1.4.1 Google Maps의 사례

지금까지 행정에서의 이용과 민간에서의 이용을 설명했는데, GIS는 지역적(또는 전국적)으로 기반이 구축되어 있지 않으면 서비스를 제공하기 어렵다. 사회기반이라는 의미에 부합되기 위해서는 지속적인 관리가 필요한데 그렇다면 과연 누가 관리할 것인가? 또한 사회기반이라고 하면 '공공사업=관공서'의 일이라는 인식이 강한데 정말 그럴까?

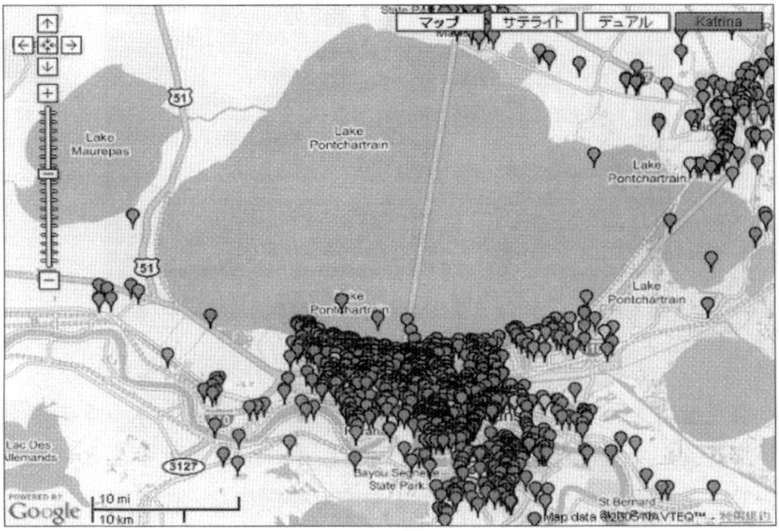

그림 1.7 Google Maps를 활용한 허리케인 '카트리나'의 피해정보발신과 공유[10)]

예를 들어 그림 1.7은 1.1절에서도 다룬 Google Maps를 활용한 것으로, 2005년에 발생한 허리케인 '카트리나'의 피해정보발신과 공유 사례이다. 이는 여러 사람이 피해정보를 등록함으로써 Google Maps은 사회기반 역할을 하고 있다. 물론 Google사는 민간기업이기 때문에 경영상황에 따라 서비스를 계속할 것인지 그만둘 것인지는 확실하지 않지만, 민간기업에서도 사회기반에 가까운 형태로 기능하는 경우가 있는 것이다.

1.4.2 GPS 위성 사례

앞서 말한 Google사처럼 극히 일부의 대규모 민간기업을 제외하면 사회기반 부문은 대규모여서 프로젝트를 계획하는 시점부터 리스크를 동반하기 때문에 기술적 노하우 면에서나 비용확보 면에서 단독으로 실행하기는 매우 어렵다. 따라서 민간 서비스를 모색하는 것, 행정 서비스를 모색하는 것, 첨단기술을 제공하는 것, 지역에서의 보급 · 인재 육성을 지향하는 것 등 다양한 주체가 협력하는 것이 일반적이다. 물론 이런 협동은 여러 분야에서 각각 목표로 삼고 있는 것이 대부분이지만, 어떤 분야는 앞으로 더 많은 검토가 필요하다.

예를 들면 그림 1.8은 세계의 GPS 위성 추진 상황이다. 미국이 선행적으로 기술개발을 해왔지만, Galileo(EU), GLONASS(러시아), 북두(중국) 등의 검토가 진행되고 있다. 일본에서도 준천정위성이 시험개발 또는 1기 발사까지 결정되었으나, 그 다음 계획은 논의중이다(2008년 12월 현재). 이를 위해서는 반드시 민·관의 비용 부담·책임 분담이 정의되어야 하기 때문에 여러 관계자들의 합의형성 자체가 중요하다.

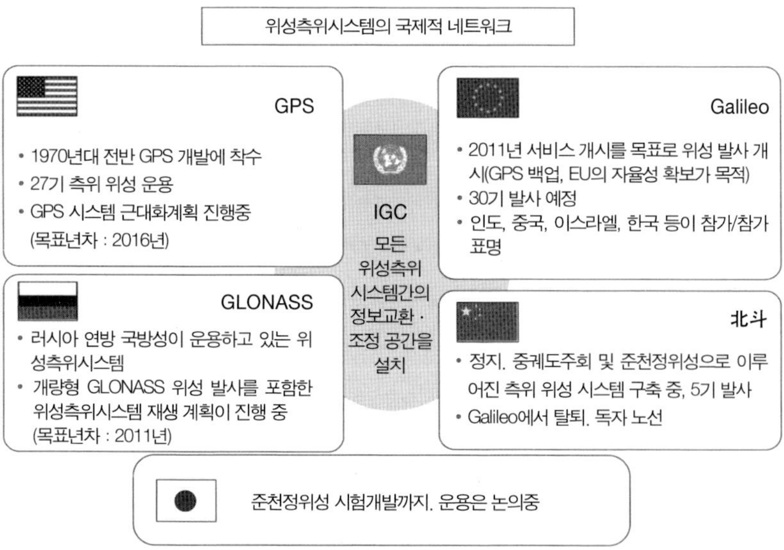

그림 1.8 **세계의 GPS 위성 추진**[10)]

1.4.3 제도적 구조의 필요성

이처럼 다양한 주체에 의한 공간정보사회를 추진하는 데 있어서는 산·관·학의 역할과 이를 뒷받침하는 제도적 구조, 법률 등이 필요하다. 예를 들면 지금까지 설명해온 것 같은 사회기반적인 지도에 관한 부분은 국가에 의한 정비가 많았지만, 사회적 변화 속도에 맞춘 전개를 고려하면 민간이나 지방자치단체가 주체가 되어 국가가 기본방침을 제시하고 뒷받침하는 책임 분담이나 비용 분담에 대한 고려와 법률이 중요하며, 이것이 사회기반을 흔들지 않도록 하는 것이 본질이라 할 수 있다. 다음 절에서는 법체제에 대해 설명하기로 한다.

1.5 법체제 정비

1.5.1 구성과 목적

지리공간정보의 기초가 되는 「지리공간정보활용추진기본법」(이하, 기본법)[11]은 2007년 5월 23일에 의원 입법으로 성립, 5월 30일에 공포, 8월 29일에 시행되었다. 기본법은 제1장 총칙(제1~8조), 제2장 지리공간정보활용추진기본계획 등(제9조, 제10조), 제3장 기본적 시책(제1절 총칙 : 제11~15조, 제2절 지리정보시스템에 관한 시책 : 제16~19조, 제3절 위성측위에 관한 시책 : 제20, 21조)과 부칙으로 구성된다. 특히 가장 기본이 되는 제1조 목적에서는 기본법이 국민생활을 위한 것이며, 각자가 협력하여 계획적으로 추진하는 것이 중요하다는 취지를 명기하였는데, 이는 지금까지 GIS가 도구로 인식되고 있었다는 점에서 볼 때 그 틀이 크게 확대된 것이라 할 수 있다(표 1.1).

표 1.1 **기본법의 목적(제1조에서)**

제1조 이 법률은 현재, 그리고 장래의 국민이 안심하고 풍요로운 생활을 영위할 수 있는 경제 사회를 실현하는 데 있어서 지리공간정보를 고도로 활용하는 것을 추진하는 일이 매우 중요함을 인식하고, 지리공간정보 활용 추진에 관한 시책에 관해 기본이념을 정하고 나아가서 국가와 지방공공단체의 책무 등을 명확히 함과 동시에 지리공간정보 활용 추진에 관한 시책의 기본이 되는 사항을 정함으로써 지리공간정보 활용 추진에 관한 시책을 종합적이고 계획적으로 추진하는 것을 목적으로 한다.

1.5.2 용어의 정의

또한 제2조에서는 용어에 대한 정의를 내렸다(표 1.2). GIS 분야에서는 지금까지 법률 용어가 없었기 때문에 정의를 내리는 자체가 획기적인 일이었다. 우선 '지리공간정보'는 위치와 관련된 정보 전반을 가리키는 넓은 개념이다. 지리공간정보에 대한 위치의 기준으로서 어느 정도의 품질이 보증된 것은 '기반 지도정보'로 정의하고, 자세한 것은 국토교통성령으로 정하기로 했다(표 1.3). 이 국토교통성령(제78호)[12]은 기본법과 같이 2007년 8월 29일에 시행되었다. 또한 위성측위 자체에 대해서도 용어가 정의되었다.

표 1.2 용어의 정의(제2조에서)

제2조 1. 이 법률에서 '지리공간정보'란 제1호의 정보 또는 동호 및 제2호의 정보로 이루어진 정보를 말한다.
- 一 공간상의 특정 지점 또는 구역의 위치를 나타내는 정보(해당 정보와 관련된 시점에 관한 정보를 포함한다. 이하 '위치정보'라고 한다.)
- 二 앞 호의 정보와 관련된 정보

2. 이 법률에서 '지리정보시스템'이란 지리공간정보의 지리적인 파악 또는 분석을 가능하게 하기 위해 전자적 방식에 의해 기록된 지리공간정보를 전자계산기를 사용하여 전자지도(전자적 방식에 의해 기록된 지도를 말한다. 이하 동일)상에서 일체적으로 처리하는 정보시스템을 말한다.
3. 이 법률에서 '기반 지도정보'란 지리공간정보 중 전자지도상에서 지리공간정보의 위치를 정하기 위한 기준이 되는 측량의 기준점, 해안선, 공공시설의 경계선, 행정구획, 기타 국토교통성령으로 정하는 것의 위치정보(국토교통성령으로 정하는 기준에 적합한 것에 한한다)이며 전자적 방식에 의해 기록된 것을 말한다.
4. 이 법률에서 '위성측위'란 인공위성에서 발사되는 신호를 이용해서 하는 위치의 결정 및 해당 위치와 관련된 시각에 관한 정보 취득 및 이들과 관련된 이동 경로 등의 정보 취득을 말한다.

표 1.3 기반 지도정보에 관한 항목 및 그 내용(국토교통성령 제78호 제1조 참고)

항 목	내 용
측량의 기준점	측량법(1949년 법률 제188호) 제10조 제1항에 규정하는 영구 표식(永久 標識) 또는 수로업무법 시행규칙(1950년 운수성령 제55호) 제1조에 규정하는 항구 표식(恒久 標識)
해안선	해면이 최고 수면에 달했을 때 육지와 해면과의 경계

공공시설의 경계선 (도로구역경계)	도로법(1952년 법률 제180호) 제2조 제1항에 규정하는 도로에서는 도로법 시행규칙(1952년 건설성령 제25호) 제4조의 2 제4항 제1호의 도로 구역 경계선, 도로법 제2조 제1항에 규정하는 것 외의 도로에서는 이에 준하는 경계선
공공시설의 경계선 (하천구역경계)	하천법(1964년 법률 제167호) 제6조 제1항의 하천구역 또는 동법 제100조 제1항의 규정에 의해 지정된 하천에 대해 준용되는 동법 제6조 제1항의 구역 및 기타 공공 용도로 쓰이는 수로인 하천의 경계선
행정구역의 경계선 및 대표점	행정구획 〔도도부현(都道府県) 및 시구정촌(市區町村)〕의 경계선과 그 대표점
도로연(道路縁)	도로법 제2조 제1항에 규정하는 도로에서는 도로구조령(1970년 정령* 제320호) 제2조에 정하는 보도, 자전거도로, 자전거보행자도로, 차도, 중앙대, 노견, 궤도부, 교통섬 또는 식수대로 구성되는 도로 부분의 가장 바깥쪽 선(식수대가 가장 외측에 있는 경우에는 해당 식수대를 제외한 도로 부분의 가장 바깥쪽 선을 말한다), 도로법 제2조 제1항에 규정하는 것 외의 도로에서는 이에 준하는 선
하천제방 표법견 (表法肩)의 법선	하천법 제3조 제2항의 하천관리시설인 제방의 표법견의 법선
궤도의 중심선	궤도법(1921년 법률 제76호) 제1조 제1항에 규정하는 궤도 및 동법이 준용되는 궤도에 준하는 것 및 철도사업법(1986년 법률 제92호) 제2조 제1항에 규정하는 철도사업에 관한 철도선로의 중심선
표고점	표고를 측량하거나 또는 산정한 지점(기준점은 제외)
수애선(水涯線)	하천, 호소 및 이에 접하는 공공구거 관개용 수로, 기타 공공 용도로 쓰이는 수로 〔하수도법(1958년 법률 제79호) 제2조 제3호 및 제4호에 규정하는 공공하수도 및 유역하수도이며, 동조 제6호에 규정하는 종말처리장을 설치하고 있는 것(그 유역하수도에 접하는 공공하수도를 포함)을 제외〕의 평수시(平水時)의 육지와 수면과의 경계선
건축물의 외주선(外周線)	건축기준법(1950년 법률 제201호) 제2조 제1호에 규정하는 건축물의 지붕 외주선
시정촌의 정(町) 또는 자(字)의 경계선 및 대표점	'정(町)' 또는 '자(字)'의 영역을 둘러싸는 선과 그 대표점
가구의 경계선 및 대표점	주거표시에관한법률(1962년 법률 제119호) 제2조 제1호의 가구방식에 의해 주거 표시된 지역에서는 동호가 정하는 가구부호가 붙은 가구의 경계선과 그 대표점, 그 외의 지역에서는 시정촌 내의 정(町) 또는 자(字)의 구역을 도로, 철도 내지 궤도의 선로, 기타 항구적인 시설 또는 하천, 수로 등에 의해 구획된 지역의 경계선과 그 대표점

* 역주. 일본의 법률상에서 내각이 제정하는 성문법

1.5.3 기본이념과 책무 및 기본계획

제3조는 제1조의 목적을 구체화하는 것으로서 기본이념을 열거하고 있다. 그 내용을 요약하면 다음과 같다.

- 국가, 지방 등은 지리공간정보의 활용에 관해 연계를 강화하고 종합적 · 체계적인 시책을 이행할 의무가 있다.
- 기반 지도와 위성측위와의 조합이 핵심이 된다.
- 신뢰성 높은 위성측위 서비스를 안정적으로 이용할 수 있는 환경을 목적으로 한다.
- 행정에서 지도정보의 공유화 등을 추진하고 중복을 방지하여 효율화에 기여하는 것을 목적으로 한다.
- 민간사업자의 능력이 활용되도록 배려한다.
- 개인의 권리, 국가의 안전을 배려한다.

또한 관계자의 책무에 대해서도 기재되어 있다(제4~8조). 그 내용을 요약하면, 지방분권에 맞는 형태로 국가가 종합적인 정책을 수립하면서 지역의 특성에 맞게 지방이 방침을 수립 · 실시할 수 있다. 그와 동시에 다양한 주체에 의한 지속가능한 유지관리가 이루어지는 것을 염두에 두고 사업자, 대학 등과의 연계도 명기하고 있다.

- 국가 : 종합적으로 정책을 수립 · 실시한다.
- 지방 : 국가와 역할분담하여 지방의 특성에 맞게 정책을 수립 · 실시한다.
- 사업자 : 양질의 지리공간정보를 제공하고 국가 · 지방과의 협력을 위해 노력할 의무가 있다.
- 연계 의무 : 국가, 지방, 사업자, 대학 등은 연계를 도모한다.
- 법제상의 조치 : 국가는 법제상, 재정상의 조치를 강구한다.

또한 제9조, 제10조는 정부가 이 기본법에 맞게 추진되기 위한 기본계획을 수립함과 동시에 인터넷으로 계획과 그 달성 상황을 공표한다는 취지가 기재되어 있다.

1.5.4 지리정보시스템과 위성측위에 관한 시책

제3장은 개별 지리정보시스템과 위성측위에 관한 시책으로, 대체적으로 기본이념을 답습하는 수준으로 되어 있다. 단, 기반 지도정보 정비 등에 관한 시책에서는 구체적인 기술상의 기준을 정하기로 하고(표 1.4), 지도 간의 무결절성(seamless)에 대한 고려와 적합한 규격(지리정보의 표준에 관한 JIS나 ISO 등)을 국토교통성 고시(제1144호)[13]로 정하고 있다.

또한 기반 지도정보 등의 원활한 유통을 위해 제18조에서는 국가가 보유하는 기반 지도정보 등을 원칙으로 인터넷을 통해 무상으로 제공한다는 취지를 기재하고 있다. 위성측위에 대해서는 아직 초기 단계라는 점에서 법률상 기재되는 것은 제한적이며, 국제적인 협조관계나 국가가 시책을 이행할 것을 명기하고 있다(표 1.5).

표 1.4 기반 지도정보 정비 등에 관한 시책(제16조 전문)

〈기반 지도정보 정비 등〉

제16조 1. 국가는 기반 지도정보의 공용을 추진함으로써 지리정보시스템 보급을 도모하기 위해 기반 지도정보 정비에 관한 기술상의 기준을 정하기로 한다.

2. 국가 및 지방공공단체는 전항의 목적을 달성하기 위해 동항의 기술상 기준에 적합한 기반 지도정보 정비 및 적시의 갱신, 기타 필요한 시책을 마련하기로 한다.

표 1.5 위성측위에 관한 시책(제20조, 제21조)

〈위성측위에 관한 연락 조정 등〉

제20조 국가는 신뢰성 높은 위성측위에 의한 서비스를 안정적으로 취할 수 있는 환경을 효과적으로 확보함으로써 지리공간정보의 활용을 추진하기 위해 지구 전체의 위성측위에 관한 시스템을 운영하는 주체와 필요한 연락 · 조정, 기타 필요한 시책을 마련하기로 한다.

〈위성측위에 관한 연구개발의 추진 등〉

제21조 국가는 위성측위에 의해 얻은 지리공간정보의 활용을 추진하기 위해 위성측위에 관한 연구개발 및 기술과 이용 가능성에 관한 실증을 추진함과 동시에 그 성과를 쌓고 위성측위의 이용 촉진을 위해 필요한 시책을 마련하기로 한다.

1.6 앞으로의 전망

이 장에서는 사회기반 · 환경을 위한 GIS에 대해 간략한 역사를 살펴보고, 행정과 민간에서의 이용 사례, 그리고 이러한 사회기반을 다양한 주체가 지원해나가기 위해 필요한 법체계인 「지리공간정보활용추진기본법」에 대해서 설명했다.

GIS는 지금까지 살펴본 것처럼 현재는 시각화의 도구로 활용되고 있지만 가까운 장래에는 눈에 띄지 않는 전기나 물처럼 인간의 생활을 지원하는 여러 가지 것들(예를 들면 자동차의 자동 운전이나 일상생활에 도움을 주는 로봇 등)의 공간정보기반으로 파고들 것으로 기대된다. 기존의 틀에 얽매이지 않는 연구개발과 사회실험이 무엇보다 중요하다고 할 수 있다.

인용문헌

1) 岡部篤行 (1998)：空間情報科学の展開. CSIS Discussion Paper 1：1-13.
2) ホンダインターナビ・プレミアムクラブホームページ.
http://www.honda.co.jp/magazine/archive/2007-summer/info-internavi/
3) ゼンリンホームページ. http://www.zenrin.co.jp
4) 国土交通省国土計画局 GISHP. http://www.mlit.go.jp/kokudokeikaku/gis/
5) 国土交通省道路局, 渋滞 3 D マップ.
http://www.mlit.go.jp/road/ir/data/jutai/3dmap/3djm.html
6) 内閣官房, 測位・地理情報システム等推進会議資料.
http://www.cas.go.jp/jp/seisaku/sokuitiri/190531/index.html
7) 国土交通省土地・水資源局国土調査課, 地籍調査とは.
http://tochi.mlit.go.jp/tockok/know/arearegister/index.html
8) パイオニアホームページ. http://pioneer.jp/
9) ぐるなびホームページ. http://www.gnavi.co.jp/

10) 地理情報システム学会：地域シンポジウム in 新潟講演資料，2007.
11) 平成十九年法律第六十三号「地理空間情報活用推進基本法」，2007.
12) 平成十九年国土交通省令第七十八号「地理空間情報活用推進基本法第二条第三項の基盤地図情報に係る項目及び基盤地図情報が満たすべき基準に関する省令」，2007.
13) 平成十九年国土交通省告示第千百四十四号「地理空間情報活用推進基本法第二条第三項の基盤地図情報の整備に係る技術上の基準」，2007.

2 국토공간데이터 기반

GIS는 지리공간정보를 이용한 다양한 검색과 분석 등을 가능하게 하는 유용한 정보시스템이다. 자동차 내비게이션을 비롯해 인터넷이나 휴대전화의 다양한 지리공간정보 관련 서비스는 일반보급이 크게 진전되어 이제 우리 생활에 없어서는 안 될 존재가 되었다.

GIS 데이터 구축은 소프트웨어, 하드웨어, 데이터 등의 사양을 정하기 위한 전문분야의 지식 및 정보획득 기술 등 많은 분야가 필요하기에 쉽지 않다. 또한 데이터가 구축되어 있더라도 정보를 활용할 수 없거나(이용 제한) 구축 여부를 알지 못한다면 중복투자의 악순환을 낳게 된다.

행정 기관에서는 특정 행정 목적을 위해 지도를 작성하기 때문에 데이터가 비공개 되어지는 경우가 있기에 동일 지역을 중복 구축해야 하는 경우가 발생한다.

같은 지역에서 중복 구축된 지도는 측량 오차 때문에 서로 완전하게 일치하지 않을 수 있기에 각각의 지도를 바탕으로 작성된 주체 정보의 공용 사용을 막게 된다.

이러한 문제해결을 위해 GIS를 용이하게 구축하여 활용할 수 있도록 하기 위해 누가 무엇을 하면 좋을까?

이러한 과제를 해결하고, 많은 사람들이 GIS를 용이하게 활용할 수 있도록 하기 위해 필요하다고 생각해낸 것이 '국토공간데이터기반(National Spatial Data Infrastructure : NSDI)'이라 불리는 새로운 사회기반이다. NSDI에 관한 검토는 미국을 중심으로 시작되어 세계 각지에서 구축이 진행되고 있다. NSDI의 필요성에 대한 인식은 일본에서도 GIS에 관한 대응을 국가차원에서 인식하고 GIS 보급을 가속시키는 원동력이 되어 2007년 5월 「지리공간정보활용추진기본법」(이하 기본법)을 제정했다. 앞으로도 GIS의 원활한 보급과 활용의 고도화에 불가결한 사회기반으로서 그 구축의 추진이 기대되고 있다. 이 장에서는 미국을 비롯해 유럽과 오스트레일리아의 NSDI에 관한 대응 사례를 소개하고, 또한 기본법을 중심으로 일본의 대응에 대해서도 설명하기로 한다.

NSDI와 관련하여 자주 쓰이는 용어 중에서 위치와 관련된 정보를 나타내는 단어로는 공간데이터, 공간정보, 지리정보, 지리공간정보 등이 있는데 이러한 단어는 역사적으로 볼 때 문맥에 맞게 사용하거나 같은 뜻으로 사용되기도 했다. 이 장에서는 이들 단어를 통일하지 않고 실제로 사용된 당시의 표현이나 직역을 사용하겠다. 또한 일본 정부는 2006년 지리공간정보활용추진기본법안의 국회 제출을 거쳐 이미 정착된 GIS의 잘못된 용어인 '지리정보시스템'이나 '지리정보표준' 등의 고유명사화된 것을 제외하고 '지리공간정보'라는 단어를 사용한다.

2.1 NSDI의 배경과 의미

일본을 비롯해 세계 각국에서 NSDI 구축을 위한 대응을 본격적으로 시작한 계기가 된 것은 1994년 발표된 미국 대통령령 12906[1]이다. 이 대통령령은 갑자기 정해진 것이 아니라 종이 지도 시대부터 지도 작성 및 측량의 중복 사업을 피하고 표준적 지도의 정비를 위한 연방정부 내의 조정 속에서 만들어진 것이다. 지도의 디지털화가 진행되고 GIS의 활용이 진전된 후 공간데이터의 정비 · 이용 · 공용 · 제공을 추진하고 연방정부 내부와 민 · 관 협동으로 중복작업을 피하는 것이 중요해졌으며, 이를 실현하기 위해 NSDI라는 새로운 사회기반을 정비해야 한다는 필요성이 인식된 것이다. 미국은 임박한 고도정보화와 정부의 세출 삭감을 위한 행정 효율화에 도움이 될 GIS 활용 추진에 반드시 필요한 사회기반으로서 NSDI를 등장시켰고, 이를 대통령령으로 정한 것이다.

이에 반해 일본의 경우는 이처럼 GIS 보급을 추진하기 위해 사회기반을 정비해야 한다는 생각을 처음부터 받아들였던 것은 아니며, NSDI를 많은 GIS 이용자가 공통으로 필요로 하는 단순한 지도데이터라고 오해하는 사람도 많았다. 물론 공통된 지도데이터는 GIS를 활용하는 데 반드시 필요하며 그 존재가 NSDI 구축의 핵심이 된다고 할 수 있다. 그러나 기본적인 지도데이터가 존재해도 그것만으로 GIS 활용이 진행되는 것은 아니다. 예를 들면 GIS 활용을 위해서는 지도데이터뿐만 아니라 데이터 구축 여부, 내용 · 품질에 관한 내용, 권리관계 · 제도상의 문제, 유지관리 내용, 기술적 지원 등에 관한 표준, 제도 · 기술 등의 정비가 필요하다. 이처럼 기본적인 지도데이터와 함께 그 정비 · 유통 · 활용 등을 지원하는 표준, 제도, 기술 등을 포함한 총체적인 것을 사회기반으로 받아들인 것이 NSDI이기 때문에 미국은 발빠르게 이를 인식하고 국가차원에서 대응하기 시작한 것이다.

2.2 NSDI 구축을 위한 대응

미국에서 시작된 NSDI 구축을 위한 대응은 다른 여러 국가와 지역에서도 시작되었다. 이 절에서는 미국, 한국, 유럽 공동체(EU) 및 오스트레일리아를 예로 들어 NSDI 구축을 위한 외국의 대응방법을 소개하기로 한다.

2.2.1 미국

미국은 앞서 말한 것처럼 대통령령에 의해 산 · 학의 전문지식을 활용하고, 지리정보 클리어링 하우스(지리공간정보의 소재와 내용을 기술한 메타데이터를 집약하여 인터넷으로 검색하는 시스템) 설치 및 연방 예산 집행시 클리어링 하우스의 활용, 기반데이터의 정비 · 갱신계획수립, 지리정보를 정비하는 데 있어서 민 · 관 협동을 위한 전략수립 등에 착수했다. 이후 연방정부에 의한 디지털 지도데이터정비와 표준화는 더욱 진전되었고 인터넷상에서 지리공간정보이용이 확대되었으며 마침내 지리공간정보의 원스톱 서비스(geospatial one stop)까지 시작되었다. 이는 지리공간정보의 검색 · 열람 같은 기존의 클리어링 하우스 기능과 함께 획득하려는 지리공간정보와 제공하려는 지리공간정보를 웹상에 게시함으로써 민 · 관의 여러 기관 및 단체의 지리공간정보를 국민 누구나 쉽게 이용할 수 있게 되었고, 지리공간정보의 활용이 폭넓게 확대되었다.

또한 연방정부의 대응과 더불어 1980년대부터 급속히 확대된 주 단위의 대응도 특별하다고 할 수 있다. 지리정보의 조정을 담당하는 직원을 배치한 주가 1991년 미국 전체의 80%에 달했고, 같은 해에 전미주지리정보협의회(National States Geographic Information Council : NSGIC)가 설립되었다. NSGIC는 주 단위의 지리정보에 관한 조정을 추진하고 국가의 지리정보 시책에 대한 주의 입장을 대변하며, NSDI 구축에 대한 주의 활동지원을 목적으로 활동했다. 또한 미국 내 모든 주의 지리정보에 대한 대응 상황을 조사하고 독자적인 판단기준을 마련하여 지리정보와 연계된 곳의 진척 상황을 종합하는 등 각 주에서의 지리정보 활용 추진에 많은 공헌을 했다[2)].

또한 미국은 기본적 데이터 정비의 핵심적 역할을 담당하는 미국지질조사소(US Geological Survey : USGS)가 연방정부 등의 요구에 대응해나가기 위해 '국가지도'(The National Map)라는 기본적 데이터 정비 구상을 2001년에 완성시켰다[3)].

'국가지도'는 연방정부기관과 함께 주 · 지방정부와 민간단체의 협동으로 정비되는 최신 퍼블릭 도메인 데이터로서, 웹상에서의 이용을 전제로 한 것이다. 또한 모든 공간데이터의 참조 데이터(이른바 위치참조의 기준)가 되기 위한 진위치(眞位置 ; 종이지도를 위한 전위는 하지 않음) 데이터이고, 정비 주체의 데이터 단절(주나 군의 경계 부근)에서의 연속성이 확보되는 것을 전제로 하고 있다. USGS는 '국가지도' 정비를 위해 지방에 직원을 파견하고 앞서 말한 NSGIC 등과 연계하면서 주 · 지방정부 등과의 협동 · 연계를 도모함과 동시에 변화된 정보수집과 데이터 편집 · 확인을 위해 다른 단체나 개인의 자원봉사를 활용하였다. 또한 최신 데이터의 중요성을 인식하여 기존의 정기적(수년~수십년)인 지도 갱신방법이 아닌 주 또는 월 단위로 데이터의 최신성을 판단할 수 있도록 하는 것을 목표로 했다.

'국가지도'의 비용 대비 효과에 관한 조사결과에 따르면, '국가지도'를 정비했을 경우 그렇지 않은 경우에 비해 30년간 누계 약 20.5억 달러(2001년 시점 기준)의 순이익을 가져올 것으로 예상했다[4].

그러나 '국가지도'를 정비하는 데 있어서 주 · 지방정부를 비롯한 여러 주체와의 협동 · 연계를 실현한다는 것은 쉬운 일이 아니다. 특히 가장 상세한 최신 데이터로 정비 · 갱신하기 위해서는 현장과 가장 가까운 지방정부와의 연계가 중요한데 지방정부의 요구가 '국가지도'에 의해 만족되는 것은 아니며 지역별로 요구 내용도 다르기 때문에 협동 · 연계 방식에 대해서는 지역의 실정에 맞는 각종 인센티브 제공이 필요하다. '국가지도'를 실현하는 데는 종전의 조직적인 구조를 뛰어넘는 대응을 포함한 관계자간의 협동 · 연계를 위한 노력과 충분한 시간이 필요하다.

미국은 NSDI 구축을 위해 가장 빠르게 국가적 대응을 시작했고 표준화와 기술개발 등에 있어서 국제적으로도 선도적 역할을 하였으며, 연방정부차원에서의 기본적 지리공간데이터 정비도 적극 추진했다. 앞으로는 '국가지도'의 대응에서 볼 수 있던 것처럼 독립성 높은 주 · 지방정부까지 포함한 협동 · 연계의 추진이 NSDI 구축을 위해 필요할 것이다.

2.2.2 한국

정보화의 진전이 두드러진 한국은 1994년에 서울시, 1995년에 대구시에서 발생한 가스폭발사고를 계기로 GIS 정비의 중요성을 인식하고, NSDI 구축에 있어서도 국가적 대응을 강력하게 추진해왔다. 특히 1995년부터는 국가적인 지리정보기반정비를 목표로 5개년 계획을 실시하여, 우선 제1기(1995~2000년)에는 주로 기존 지형도(축척 1/1,000, 1/5,000 및 1/25,000)의 디지털화, 공간데이터의 표준화 등을 실시했다. 축척 1/1,000 지형도는 79개 도시에서 정비되어 지방공공단체와 국가측량지도 작성기관인 국토지리정보원(National Geographic Information Institute)의 협동에 의해 디지털화가 진행되었다. 그 외 축척의 지형도는 국토지리정보원이 디지털화했다. 제2기(2001~2005년)에는 디지털화된 지형도 데이터를 공간데이터 기반으로 정비함과 동시에 갱신구조정비, 지하매설물 정보정비, 표준갱신, 인재육성을 실시했다. 또한 제1기에서 정비된 데이터를 제공하는 시스템이 충분히 구축되지 않았다는 점에서 공간데이터 제공 시스템과 클리어링 하우스 구축도 실시하였다.

이 기간에 국가지리정보기반정비를 법제도에 따라 지원하기 위해 2000년 7월에는 「국가지리정보체계 구축 및 활용 등에 관한 법률」과 그 시행령이 제정되었다. 이 법률에서는 한국정부가 국가지리정보체계 구축 및 활용을 위해 5개년 기본계획 및 그 실현을 위한 1년마다의 실시계획을 수립하고 기본적인 데이터 정비는 물론 연구개발, 인재육성, 데이터 유통, 표준화, 산업육성 등에 관한 시책을 실시하는 것으로 되어 있다. 또한 산·학·관 등 섹터간의 협동·연계 중요성을 인식하여 지방공공단체에 의한 지역별 실시계획 수립과 산·학과의 연계추진도 규정하였다.

이와 같이 한국은 정부의 강력한 리더십에 의한 자원 확보와 지방공공단체·산학과의 협동·연계를 통해 중앙정부가 주도하는 하향식 방법으로 NSDI를 적극 구축했다.

2.2.3 유럽 공동체(EU)

미국의 NSDI에 관한 대통령령 및 이후의 NSDI 구축을 위한 대응을 계기로 유럽 각국에서도 각 실정에 맞는 NSDI에 관한 검토와 대응이 이루어졌다. 미국과 마찬가지로 지도를 비롯한 지리공간정보의 디지털화에 관해서는 유럽 선진제국의 국가측량지도작성기관을 중심으로 1990년대 이전부터 적극적인 사업을 전개하여 디지털 지도데이터 등의 정비 · 제공을 진행시켜 왔기 때문에 디지털 지도데이터의 정비는 조기에 이루어졌다. 하지만 데이터의 정비내용 · 방법이나 정비 주체는 각국의 국가체제가 다르기 때문에 차이가 있다.

예를 들면 영국의 경우 국가측량지도작성기관인 Ordnance Survey (OS)는 도심부의 대축척 레벨 데이터를 포함한 국가 전체의 기본적이고 연속적인 지리공간정보를 정비 · 갱신 · 제공함으로써 공간데이터 기반 구축에 크게 공헌하였다. 현재 이 데이터는 OS Master Map으로 제공되고 있다.

또한 프랑스의 경우도 국가측량지도작성기관인 Institut Géographique National이 전국의 1/1,000 대축척을 포함한 지도데이터와 항공사진 영상 데이터를 국가 프로젝트로서 정비 · 갱신하였으며, 공간데이터 기반정비를 위해 중요한 역할을 담당하고 있다.

한편 연방제를 취하고 있는 독일에서는 연방정부의 지도측지청인 Bundesamt für Kartographie und Geodäsie(BKG)에서 정비한 지도데이터는 축척 1/20만 이하이며 그보다 대축척인 지도데이터는 주의 측량국에 의해 정비 · 갱신되었다. 단, BKG는 각 주의 측량국이 정비한 데이터의 품질 테스트를 실시함과 동시에 무결절성(seamless)화하여 제공하고 있으며 독일의 공간데이터 기반 구축에 공헌하였다.

이와 같이 유럽 각국이 NSDI 구축을 진행하는 가운데, 유럽 공동체로서의 활동, 특히 환경보전에 관한 시책을 통합적으로 진행하기 위해 공간정보에 관한 기반(Infrastructure for Spatial Information in the

European Community : INSPIRE) 구축, 즉 유럽지역 전체의 기반정비를 규정한 지침(directive)이 2007년 1월에 제정되었다[5]. 이 지침은 지역 전체의 환경보전 추진을 목표로 한 지침이지만 공간정보이용, 품질, 액세스 등의 과제와 관련한 여러 정책에 공통된 것이며, 다양한 레벨의 공공기관이 직면한 과제라는 인식을 했다는 점에서 유럽 전체의 NSDI 지역판(이른바 지역 공간데이터 기반) 구축을 목표로 하게 되었다. INSPIRE라고 명명된 유럽의 공간정보기반은 메타 데이터 · 공간데이터 및 공간데이터 서비스, 네트워크 서비스 및 네트워크기술, 공유 · 액세스 및 이용에 관한 합의, 지침에 따라 구축, 운영 제공되는 조정 · 감시 메커니즘 및 프로세스 · 수속으로 정의하고 있어서 그 구축을 위해 여러 주체의 협동이 중요하다는 것을 이해할 수 있다.

INSPIRE의 배경에는 각 가맹국이 정비한 다양한 공간정보에 액세스형식이나 데이터 구조상의 차이가 있기 때문에 공동체 내 공간정보 활용을 추진하기 위해 이들 데이터의 상호운용성을 높이는 것이 필요하다. 상호운용성을 높이기 위해서는 국제표준의 적용과 저렴한 가격으로 데이터를 공개해야 하는 제도가 필요했다. 예를 들면 상호운용성을 높이기 위해 불가결한 메타 데이터 정비와 검색 · 열람 · 변경 서비스 등에 대해서 구체적인 규정이 이루어졌으며, 가맹국에 의한 네트워크 서비스 구축 · 운영이 요구되었다. 또한 공간데이터의 소재확인과 열람 서비스를 무상 또는 미미한 요금으로 해야 한다는 것도 가맹국에 의무화시켰다.

한편 가맹국에 대한 과도한 부담은 가맹국간의 협동 · 연계 나아가서는 INSPIRE 구축을 방해하게 된다. 법적인 틀을 마련함으로써 유럽 공동체 지역에서 공간데이터의 상호운용성을 높이고자 하는 시도는 공간데이터 활용의 중요성 및 긴급성과 함께 다른 조직 간에 협동 · 연계를 추진하는 것이 각 조직의 자주적 대응만으로는 달성하기 어렵다는 것을 시사한다고 볼 수 있다.

2.2.4 오스트레일리아

오스트레일리아는 독일과 마찬가지로 연방제 국가이며, 호주정부는 최대 1/25만 전국 지도를 정비하고, 지적을 비롯한 측량이나 대축척 지도 작성은 주정부에 의해 실시되었다. 따라서 국가 전체의 지리공간정보를 정비 · 활용하는 것이 용이하지는 않았다. 호주정부와 주정부 사이의 토지정보 정비 · 활용에 관한 연계는 1980년대에 시작되었으며, 이는 뉴질랜드까지 포함한 공간정보평의회(The Spatial Information Council of Australia and New Zealand : ANZLIC)로 발전하였으며, NSDI 구축을 위한 핵심적인 역할을 담당했다. ANZLIC는 공간데이터에 관한 공통 정책과 표준을 검토하고 관계기관이 공간데이터를 관리할 때 일반적 수단에 관한 정보 등을 제공하였다.

공간데이터 활용의 급속한 성장을 계기로 오스트레일리아의 산업계는 정부와 연계하여 공간정보산업 성장에 필요한 시책을 집약한 행동계획을 완성시켰다[6]. 이 행동계획은 공간정보정책의 시스템 구축과 공적 기관이 정비하는 공간데이터의 상업적 이용 촉진 시책 등의 필요성을 명문화시켰다.

이러한 산업계의 강력한 요구를 바탕으로 호주정부는 공간데이터 이용 및 과금에 관한 새로운 정책을 정리하여 내각에서 결정했다[7]. 이 같은 새로운 정책이 수립되기 전 공간데이터는 데이터제공 비용을 바탕으로 가격이 설정되었지만 인터넷 출현에 의해 데이터제공 자체는 무료화되었다. 이에 따라 호주정부는 보유하고 있던 공간데이터 중 인터넷으로 제공되는 것에 대해서는 무상으로 이용 · 계약할 수 있도록 하여 상업적 이용의 실질적 제한을 철폐하였다. 이러한 호주정부의 대응은 민 · 관 협동 · 연계의 성공 사례로 주목받을만하다.

새로운 정책은 데이터 판매 등으로 직접적인 자금 회수를 하기보다는 데이터를 보다 편리하게 사용할 수 있도록 하는 것이 훨씬 경제적, 사회적 이익을 늘리고 사회 전체의 실질적인 이익을 최대화할 수 있다는 견해가 바탕이 되었다. 이러한 견해는 호주정부기관에 의한 데이터의 저가격화

경험과 연방정부가 데이터를 무상제공하는 미국의 강력한 공간데이터 산업 출현에 의해 실증된 것이라고 볼 수 있다.

또한 호주정부는 공간데이터기반 정비 및 유지 · 갱신에 관해서도 협동 · 연계를 추진하였다. 공간데이터의 수집 · 제공에 관한 책임은 호주정부가 아닌 주정부 등에 있었기 때문에 국토 전체의 공간데이터 기반정비를 담당하는 조직은 제도상 존재하지 않았다. 따라서 호주정부와 주정부 등은 공동출자에 의한 민간회사인 PSMA Australia(Public Sector Mapping Agencies of Australia, 이하 PSMA)를 2001년에 설립하여 연속성 있는 기본적 공간데이터 정비 · 갱신을 하기로 했다. 국토 전체의 공간데이터에 관한 대응은 1990년대에 처음으로 센서스를 위한 디지털 지도데이터 정비를 위한 컨소시엄을 설립하면서 시작되었는데, 이후 전국 단위의 데이터에 대한 산업계의 요구에 따라 공적 자금에 의한 민간 회사가 조직된 것이다. PSMA가 정비하는 것은 행정구역(선거구 및 통계구를 포함), 시설(숙박, 문화, 교육, 의료, 종교, 우편 등), 주소, 지적, 교통 · 수계, 우편번호의 6종류이며 3개월마다 수정 · 제공되고 있다. 단, 원칙적으로 일반 이용자에게는 제공하지 않고 정부기관이나 자동차 내비게이션 회사, Google, Microsoft를 비롯한 부가가치 데이터 제공 · 판매기업에 라이센스제공만 하기로 했다. 또한 PSMA에 원 데이터를 제공하는 정부기관에는 반대로 라이센스 요금을 지불하는 구조였다.

영국처럼 하나의 국가기관이 기본적 지리공간정보를 단독으로 정비하는 나라의 경우, 다른 기관과의 협동 · 연계가 필요하지 않기 때문에 공간데이터기반을 정비 · 갱신해 나가기 용이하다. 하지만 오스트레일리아처럼 공간데이터정비 · 제공에 관한 지방공공단체의 권한이 큰 나라는 NSDI 구축을 위해서 지방공공단체를 비롯한 관계기관의 협동 · 연계가 필수적이다. 이러한 점에서 PSMA는 지방공공단체가 정비하는 것까지 포함한 상세하고 연속적인 기본적 지리공간정보를 국가차원에서 정비 · 갱신하는 시스템을 구축한 성공 사례라고 볼 수 있을 것이다.

2.3 NSDI 구축을 위한 일본의 대응과 전망

일본 정부의 경우 GIS에 관한 대응은 1974년 이후 기존 지도의 전자화에 의한 국토계획과 도시계획을 비롯한 개별 GIS 개발로 대표되듯이 각 관청의 요구와 신규 시책을 바탕으로 독립적 대응으로 시작되었다. 따라서 GIS 보급에 도움이 될 구조 만들기에 관한 정부차원의 논의는 충분하지 않았다. 하지만 1995년에 발생한 한신 · 아와지 대지진을 계기로 정부 주도의 GIS 추진 시책이 필요하다는 것을 인식하고, 일본 정부는 같은 해 9월 지리정보시스템(GIS) 관계청연락회의(이하, 연락회의)를 설치하여 GIS 시책에 관한 계획을 작성하고 NSDI 구축을 위한 대응을 시작하였다.

이후, GIS와 위성측위에 관한 시책을 종합적으로 추진하기 위해 제정된 기본법 및 이를 바탕으로 내각에서 결정된 「지리공간정보활용추진기본법」(이하 기본계획)에 따라 2008년 6월에는 '지리공간정보활용추진회의'가 설치되어 일본의 NSDI 구축에 대한 대응은 더욱 수준을 높이게 되었다.

이 절에서는 일본의 NSDI 구축을 추진할 수 있게 한 기본법의 배경과 내용에 대해 서술함과 동시에 향후 NSDI 구축을 전망해보기로 한다.

2.3.1 「지리공간정보활용추진기본법」의 배경

연락회의를 설치한 이후 일본 정부는 관청간의 조정을 추진하여 기본적 공간데이터의 정비를 포함한 GIS 관련 예산 확대, GIS 민 · 관 추진 협의회 설치, 지방공공단체와의 GIS 모델 지구 실증 실험 실시, 각종 GIS 보급 세미나 개최 등을 통해 GIS 보급과 NSDI 구축에 계획적으로 대응해 나갔다. 그 결과 당초에 계획했던 지리정보의 표준화, 클리어링 하우스 구축, 전국 단위의 기본적 지리공간정보 정비, 웹에 의한 지리공간정보 제공 등 정부가 직접 대응해야 할 과제들이 꾸준히 전개되어 나갔다.

또한 NSDI 구축을 위한 대응은 법정도서(法定図書)*를 비롯해 행정에

* 역주. 법정도서는 법정계획의 내용을 표현한 도면과 조서이며, 법정계획은 토지이용행위가 법에서 정하는 바에 따라야 하는 경우를 의미함

반드시 필요한 지리공간정보를 정비 · 유지관리하는 지방공공단체에도 일부 확대되기 시작했다. 지방공공단체가 정비하는 법정도서는 행정 목적별로 독립적으로 정비되는 경우가 많은데, 이를 디지털화하여 조직 내부에서 공용화가 이루어질 수 있도록 함으로써 GIS의 활용이 촉진되고 중복적 지도 정비를 피하며 정보공유 등에 따른 행정의 효율화를 전개해나가기로 하여 지방공공단체 입장에서는 GIS 활용 추진에 대한 기대가 컸다. 하지만 실무적으로는 여러 지방공공단체의 경우 여전히 종이지도가 많이 사용되는 등 GIS 활용에 대한 대응에 관해 지방공공단체간의 격차가 컸다.

한편 자동차 내비게이션 등을 비롯한 민간 지리공간정보 관련 사업은 휴대전화나 인터넷을 이용한 지리공간정보 제공 서비스로 급속히 확대 · 성장되어 나갔고, 서비스 내용도 고도화되어 더욱 상세하고 유용한 정보를 제공할 수 있게 하는 등 큰 발전을 이루어나갔다. 특히 미국의 Google을 비롯한 거대 IT 관련 기업이 지리공간정보를 활용한 인터넷상에서의 일반용 서비스를 적극 전개해나감으로써 이제까지는 전문가 중심이었던 지리공간정보와 GIS 활용이 일반 이용자에게까지 확대되었다.

또한 GPS를 중심으로 한 위성측위시스템 이용 보급도 급속히 확대되어 많은 휴대전화에 GPS를 이용한 측위 기능이 탑재되었고, 각 이용자가 특별한 기기를 갖고 있지 않아도 10m 정도의 정밀도로 위치를 확인할 수 있게 되었다. 개인별 고정밀도 측위 정보와 최신의 상세 정밀도 지도데이터의 유비쿼터스 이용 진전이 더 큰 비즈니스 시장을 낳고, 국민생활의 편리성과 안전 향상에 공헌해 나갈 것으로 여겨진다. 특히 GIS와 위성측위는 모두 위치와 시각에 관한 정보, 즉 4차원 정보를 다루는 기초 기술이지만 정부 내에서는 각각 독립적으로 시책 검토가 이루어졌다. 따라서 이러한 새로운 분야로의 확대를 지원하기 위해서는 기존의 NSDI에 관한 시책과 더불어 급성장하는 위성측위와 GIS 이용을 국가차원에서 종합적으로 추진하기 위한 시책을 전개해 나가야 한다는 필요성을 인식하게 된 것이다.

국제적으로는 미국의 경우 차세대 GPS 추진 및 '국가지도' 정비, 유럽의 Galileo 계획 추진 및 INSPIRE 법제화, 러시아의 GLONASS 사업 강화, 중국의 측위위성(북두) 발사, 한국의 GIS법을 바탕으로 한 기반정비 등 각 나라가 앞다투어 지리공간정보를 활용하기 위한 기반정비에 전략적으로 대응하였다. 일본도 다른 나라의 실적과 교훈을 살려 NSDI 구축과 위성측위 이용에 관한 지식을 심화하여 국내의 지리공간정보 활용을 착실하게 추진해나감과 동시에 앞으로 더 확대될 것으로 예상되는 이 분야의 국제경쟁력을 강화해 나갈 필요가 있었다.

이러한 상황에서 일본의 정보화를 추진하는 데 있어서 반드시 필요한 GIS 활용 추진과 함께 최근 그 이용이 급속도로 일반화된 사회기반으로서 안정적인 서비스 제공이 필요한 위성측위 활용에 대한 적절한 시책을 추진하기 위해 기본법이 2007년 5월에 제정되었다. 기본법은 NSDI 구축에 관한 법적인 시스템을 제공하는 것이며, 일본 전체의 NSDI 구축을 가속화시키기 위해 매우 시의적절한 법이다(그림 2.1).

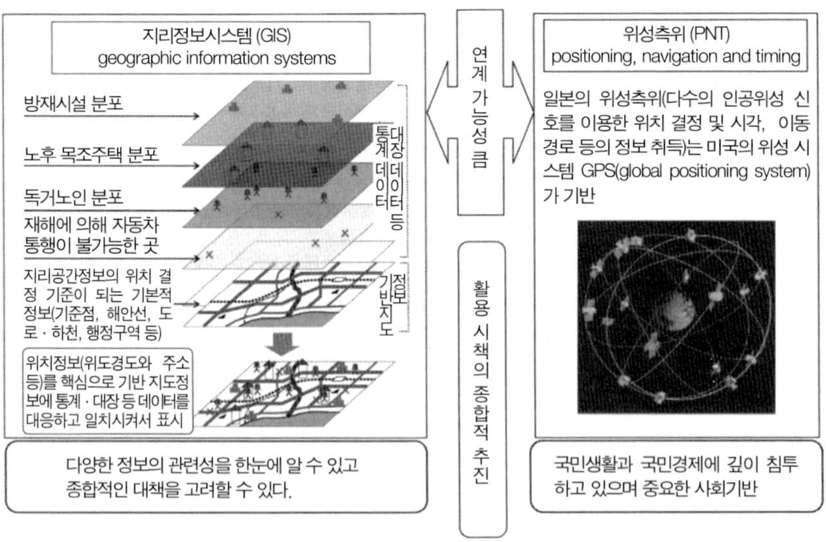

그림 2.1 「지리공간정보활용추진기본법」의 배경(국토교통성 자료를 일부 수정)

2.3.2 「지리공간정보활용추진기본법」의 개요

기본법은 지리공간정보 활용을 추진하기 위한 기본이념과 함께 국가와 지방공공단체 등의 책무를 정하고 정부가 수립하는 계획에 따라 구체적인 시책을 실시하여 기본이념을 실현해나간다는 구성이다(그림 2.2).

동 기본법의 기본이념은 지리공간정보가 국민생활 향상 및 국민경제의 건전한 발전을 도모하기 위해 반드시 필요한 기반이라는 인식을 바탕으로 한다. 기본법의 기본이념으로는 지리공간정보의 전자적 방식에 의한 정확하고 적절한 정비 · 제공, GIS와 위성측위 기술의 이용 추진, 인재육성, 국가와 지방공공단체 등의 관계기관 연계 강화 시책 같은 종합적이고 체계적인 실시를 비롯해 GIS와 위성측위의 연계 시책 추진, 위성측위의 신뢰성 및 안정성 확보, 지리공간정보의 공용에 따른 행정운영의 효율화 및 고도화, 개인의 권리이익과 국가안전에 대한 배려 등이 명시되어 있다.

이러한 기본이념을 바탕으로 한 구체적인 중심 시책은 지리공간정보 활용 추진에 필요한 조사연구, 보급활동, 인재육성을 위한 시책을 비롯해 지리공간정보의 위치 기준이 되는 기반 지도정보의 정비, 상호 활용 및 제공, 위성측위시스템 운영 주체와의 연락 조정 등이다. 정부는 기본계획을 정하여 이들 시책을 실시해나가기로 하고 있다.

이 기본법의 특징은 앞서 말한 바와 같이 기존에 독립적으로 검토되어 왔던 GIS와 위성측위에 관한 대응을 하나의 법률로 통합시킴과 동시에 지리공간정보 이용자가 위치의 기준으로 활용해야 할 가장 기본적인 정보로 기반 지도정보를 정의하고, 그 정비 · 갱신 · 활용을 규정한 것이다. 위치의 기준으로는 지금까지 국가 기준점으로 대표되는 기준점이 활용되어 왔으나 같은 기준점을 이용해도 독립적으로 작성된 지도데이터는 측량 오차로 인해 완전히 일치하지 않았다. 이 때문에 앞으로 지리공간정보 활용을 도모하는 데 있어서 필요로 하는 다른 종류의 지리공간정보를 일치시킬 수 있도록 하기 위해 공용되어야 할 정보로 기반 지도정보가 평가된 것이다.

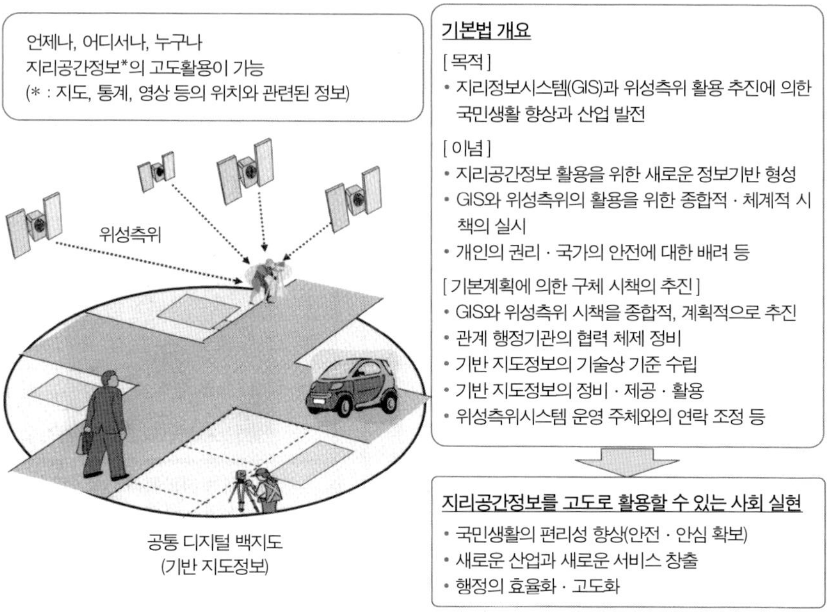

그림 2.2 「지리공간정보활용추진기본법」이 목표로 하는 사회(국토교통성 자료에서 일부 수정)

기본법은 이 기반 지도정보에 관해 국가와 지방공공단체에 의한 정비 · 갱신 · 활용 추진과 더불어 국가가 보유한 기반 지도정보 등을 원칙적으로 인터넷상 무상제공하도록 의무화하는 등 구체적인 시책을 규정하고 있어 기본 지도정보의 중요성을 알 수 있다.

2.3.3 기본계획

기본법 규정을 바탕으로 일본 정부는 2008년 4월에 기본계획을 내각에서 결정하였다[8]. 이 계획에는 누구나, 언제, 어디서든 필요한 지리공간정보를 사용하고 고도의 분석을 바탕으로 정확한 정보를 획득하여 행동할 수 있는 '지리공간정보의 고도활용사회' 실현을 위해 정부가 실시해야 할 여러 가지 시책이 종합되어 있다.

구체적으로는 지리공간정보의 정비 · 제공 · 유통에 관해 2010년까지 지리공간정보의 위치적 정합성을 담보하는 방법과 지리공간정보를 용이하게 조합시켜 이용하는 방법에 대해 검토하며, 개인정보와 지적재산권 취급에 관한 가이드라인을 수립하는 것이 계획되어 있다. 또한 국토지리원이 2011년까지 전국의 기반 지도정보를 구성하고, 위성측위의 고도 기술 기반 확립과 이용 추진을 위해 2009년 발사 예정인 준천정위성의 기술 실증 · 이용 실증을 실시하며, 산 · 학 · 관 연계 강화를 위해 지리공간정보 산 · 학 · 관 연계 협의회(가칭)를 설치하는 데 중점을 두고 있다. 앞으로 이들 시책이 잘 실시되기를 기대하고 있다.

2.3.4 일본의 NSDI에 대한 매래 전망

기본법 성립에 의해 일본이 구축해야 할 NSDI의 청사진이 나왔다. 민간 지리공간정보사업이 확대되는 가운데 지방공공단체가 정비 · 유지 · 관리하는 상세한 지리공간정보 유통 · 활용은 매우 중요하며, 이 청사진을 실현하기 위해서는 국가와 지방공공단체, 민간의 협동 · 연계가 필요하다. 지금까지 독립적으로 정비해오던 지리공간정보의 공용화를 여러 조직과 단체 간에 추진하는 것이 무엇보다 중요하며, 이를 위해서는 기존의 업무 방식이나 예산 사용에 대한 개혁이 요구되고 있다. 자금을 투입하면 시간이 걸리는 개혁을 하지 않아도 필요한 데이터 정비와 시스템 개발이 가능하겠지만 지리공간정보의 공용 추진과 중복투자를 피한다는 관점에서 보면 다소 멀리 돌아가야 할 수밖에 없다. 물론 계기가 되는 자금도 필요하지만 NSDI를 구축하는 데에는 관계기관 간의 협동 · 연계를 잘 이루어 행정의 고도화와 지리공간정보 활용을 위한 커뮤니티 구축을 추진해 나가는 것이 더욱 중요하다.

이러한 프로세스는 NSDI 구축 · 이용에 관한 단체, 특히 공적 기관에 대해 지금까지와는 다른 업무형태나 제도를 도입해야 할 필요성도 있다. 본격적인 IT 시대의 도래를 맞아 1993년 당시 고어 미국 부대통령은 '우리는 뜻을 정하여 제조업시대의 정부에서 정보시대의 정부, 자기 존속을 고심하는 정부에서 국민에 대한 봉사를 고심하는 정부로 다시 태어난다'[6)]

고 말한 것처럼 기존의 틀에 얽매이지 않는 시책을 전개해나갈 필요가 있다.

일본의 법령이나 구조는 국가와 지방공공단체 간의 협동을 반드시 의무화하지 않은 경우도 있어 NSDI 구축을 위한 대응은 여러 곳에서 험한 길을 걷게 될 가능성도 있다. 그러나 NSDI 구축의 지름길은 지리공간정보에 대한 산·학·관의 협동을 위해 지속적인 연계·조정·변혁의 노력을 거듭해야 한다. 외국의 경우 오스트레일리아나 유럽의 대응에서 볼 수 있는 것처럼 행정기관간의 협동을 실현하기 위해 여러 가지 대응이 이루어졌고 일본에서도 사회에 적합한 NSDI 구축을 위해 다각적인 모색이 필요하다고 할 수 있다. 앞서 말한 기본계획은 산·학·관의 연계도 중요시하고 있어 기본계획으로 정리된 시책에 대한 대응을 끊임없이 계속하여 NSDI 구축이 잘 전개되어 나갈 수 있기를 기대한다. 그 지표가 되는 것은 국민이 지리공간정보를 구사하여 용이하고, 시기적절하며, 정확한 의사결정과 문제해결을 하느냐이며, 이를 달성하는 것이 새로운 지리공간정보의 고도활용사회 실현을 의미한다.

인용문헌

1) Clinton, W. J. (1994) : Coordinating geographic data acquisition and access : The National Spatial Data Infrastructure. Executive Order Number 12906, The White House.
2) National States Geographic Information Council (2004) : State Model for Coordination of Geographic Information Technology, 7p.
3) U.S. Geological Survey (2001) : The National Map : Topographic Mapping for the 21st Century. Office of the Associate Director for Geography, U.S. Geological Survey.
4) Halsing, D., *et al*. (2004) : A Cost-Benefit Analysis of The National Map. U.S. Geological Survey, 40p.
5) European Union (2007) : Directive of the European Parliament and of the Council establishing an Infrastructure for Spatial Information in the European Community (INSPIRE). PE-CONS 3685/2006, Brussels, 17 January 2007.

6) Commonwealth of Australia (2001) : Spatial Information Industry Action Agenda : Positioning for Growth, 123p.
7) Commonwealth of Australia (2001) : Australian Government Policy on Spatial Data Access and Pricing, 70p.
8) 測位・地理情報システム等推進会議 (2008) : 地理空間情報活用推進基本計画. http://www.gsi.go.jp/kihonhou/katuyoukihonkeikaku.pdf

3 도시와 GIS

토지이용변화 예측과 천이구조 분석은 앞으로의 계획안 수립시 기초자료가 될 뿐만 아니라 지금까지 실시해온 도시정책을 검증하는 데 있어서도 중요하다. 또한 건축물이나 부지는 도시를 구성하는 기본요소이며, 이들의 상태와 그 변화를 파악하는 것은 도시를 이해하고 계획하기 위해 반드시 필요하다.

기존의 도시공간분석은 이용 가능한 데이터와 컴퓨터의 계산 능력 제약 등으로 인해 이론 연구가 앞서는 형태로 전개되어 왔다. 그러나 최근 공간데이터의 정비와 보급, 그리고 소프트웨어의 저렴화와 하드웨어의 고성능화에 의해 실제 데이터를 이용한 실증연구는 물론 이론연구의 패러다임까지도 크게 변화되었다.

지금까지의 공간데이터 정비 진전을 보면 눈부신 성장을 거듭하여 도시공간분석 연구 테마에 새로운 전개와 연구 내용의 심화를 지원하는 지주가 될 것으로 기대된다. 이 장에서는 여러 시점의 공간데이터를 이용하여 토지이용의 변화, 부지의 변화, 건축물의 변화를 파악하고 도시공간에 잠재하는 다양한 법칙성을 추출하여 도시를 대상으로 한 시공간분석의 방법론에 대해 논하고자 한다.

3.1 토지이용변화의 분석

3.1.1 래스터 데이터를 이용한 기존의 토지이용분석

도시 · 지역계획 분야에서는 토지이용의 천이구조를 어떻게 분석할 것인가에 대해 래스터 데이터를 이용한 다양한 방법이 제안되어 왔다[1~4]. 그러나 이처럼 토지이용 천이 확률을 이용한 기존의 분석방법은 매우 간편하지만 여러 가지 문제를 내포하고 있다. 예를 들면 토지이용변화의 기본단위는 부지이며, 변화된 면적(셀의 수)을 바탕으로 추정하는 기존방법으로는 진정한 천이구조를 알아내지 못하고 놓칠 위험이 있기 때문이다[5]. 또한 대상지역 내에는 확률적으로 변화하지 않고 안정적으로 계속 존재하는 지점(이하, 안정지점)을 포함할 가능성이 있다. 즉 대상지역 내의 모든 지점이 확률적으로 변화한다고 가정한 기존의 모델은 잘못된 예측결과를 초래할 위험이 있다. 이제 이러한 기존의 토지이용 천이 모델 과제에 대해 검토해보기로 한다.

3.1.2 부지단위의 토지이용 천이 확률

기존의 토지이용 천이 모델은 도시공간 내의 모든 지점이 각각 독립적으로 변화하는 것으로 보고 과거의 두 시점 사이에 변화한 토지이용 면적으로 천이 확률을 추정해왔다. 그러나 실제로 토지이용변화에 대해 생각해보면 각 지점은 각각 변화하는 것이 아니라 일정 크기를 가진 부지를 하나의 단위로 하여 변화해간다. 그림 3.1의 단순한 예를 봐도 알 수 있듯이 변화한 면적(셀의 수)으로 구하는 방법과 변화한 부지의 수로 구하는 방법은 분명히 다른 천이 확률 행렬을 얻게 된다(셀의 크기가 아주 작은 경우라도 마찬가지). 천이 확률의 구조를 현실에 입각한 형태로 파악하기 위해서는 부지단위로 천이 확률을 구하는 것이 바람직하다. 즉 천이 확률은 부지형상을 데이터화한 면 형태(polygon type) 데이터를 이용하여 구하는 것이 바람직하다[6].

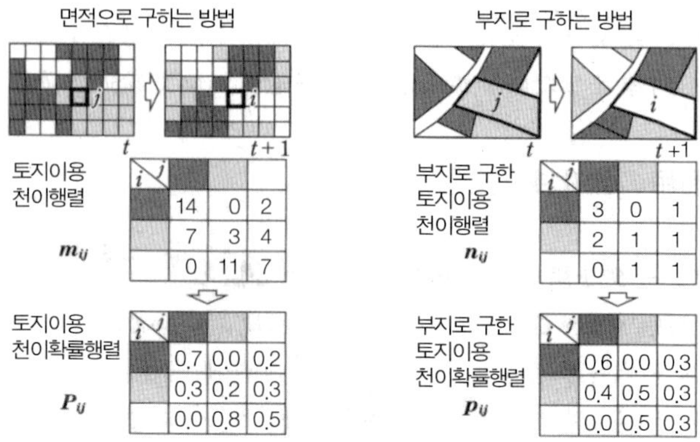

그림 3.1 **토지이용 천이 확률 구하는 방법의 차이**

컴퓨터기술이 발전되면서 최근에는 벡터 데이터가 주를 이루고 있는데, 래스터 데이터는 그 역사가 오래되어 일본에서도 정밀 수치정보(국토지리원)를 비롯해 광범위에 이르는 상세한 래스터 데이터가 여러 해에 걸쳐 정비되고 있다. 이러한 기존 데이터는 사장시킬 것이 아니라 중요한 사회자본의 하나로서 앞으로도 효과적으로 활용해나갈 필요가 있다. 이를 위해 래스터 데이터를 이용해 부지를 바탕으로 한 천이 확률 행렬을 추정하는 방법이 제안되고 있다[7]. 구체적으로는 그림 3.2에 나타낸 것처럼 두 시점 사이의 토지이용 래스터 데이터의 경우 동일한 변화 과정을 거친 지

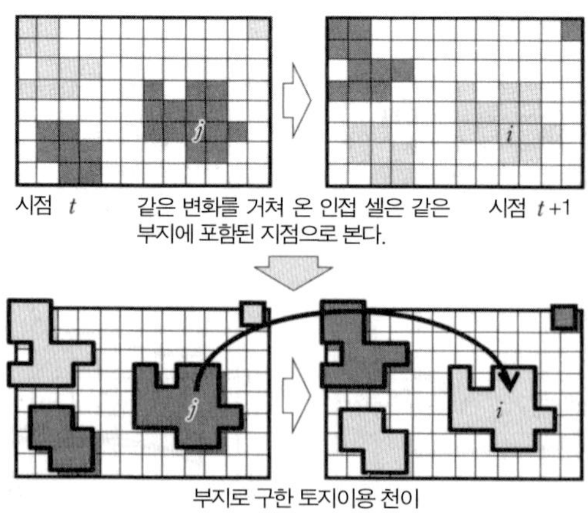

그림 3.2 **평균 부지면적을 구하는 방법**

점이 인접해서 존재하는 경우에는 이들이 하나의 부지를 구성하고 있는 것으로 보고, 토지이용이 j에서 i로 변화할 때의 평균 부지면적 a_{ij}를 이용해 추정하는 방법이다.

기존의 토지이용 데이터(정밀 수치정보 : 수도권 1984, 1989년)를 이용해 평균 부지면적 a_{ij}를 도심으로부터의 시간거리권별로 구한 결과를 그림 3.3에 나타낸다. 변화 전의 토지이용을 살펴보면(그림 3.3 왼쪽), 조성중인 땅의 수치가 20분권으로 높아 임해부의 대규모 개발을 시사하고 있다. 공업용지에 대해서는 도심부에서 교외에 걸쳐 비교적 넓은 면적 단위로 변화하고 있는데 주택용지나 상업업무용지의 평균 부지면적은 거리권에 상관없이 거의 일정하며 여기서의 분류 중에서 가장 작다. 또한 변화 후의 토지이용 분류를 살펴보면(그림 3.3 오른쪽) 각 분류 모두 도심으로부터 멀어짐에 따라 평균 부지면적은 커지는 경향이 있다. 즉 토지이용변화 전의 부지면적은 도심부와 교외지역에서 크게 차이가 없고, 토지이용변화 후에 형성된 부지는 교외쪽이 어느 정도 커지고 있다.

이와 같이 토지이용이 변화할 때 평균 부지면적은 변화 전후의 용도에 따라 크게 다르고, 또한 도심으로부터의 거리권에 따라서도 다르다. 래스

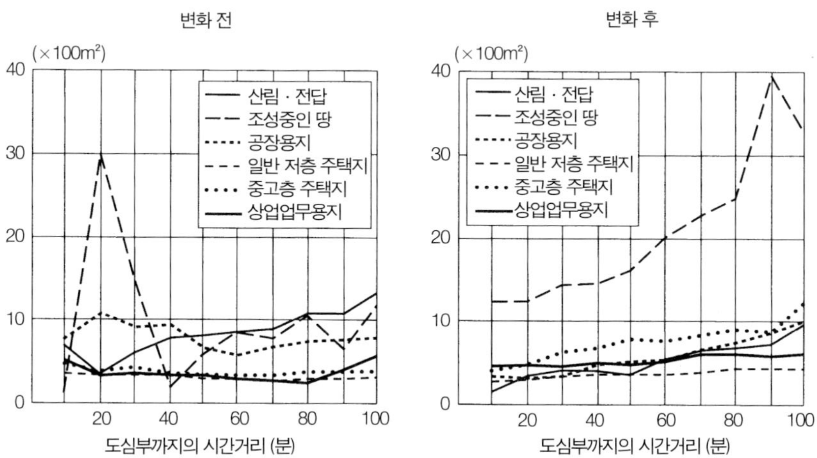

그림 3.3 평균 부지면적의 분포

터 데이터를 이용해 부지를 바탕으로 천이 확률 행렬을 추정할 때에는 이러한 사실을 반영시키는 것이 필요하다[7].

3.1.3 안정지점을 고려한 토지이용 천이

부지 중에는 도시공원이나 군사기지처럼 확률적으로 변화하지 않는 부지가 존재한다. 또한 택지에 인접한 산림 · 황무지는 택지화될 가능성은 있지만, 산간부는 오랫동안 안정적으로 계속 존재할 것으로 보인다(그림 3.4). 이 같은 안정지점의 존재를 고려하면 기존의 토지이용 천이 모델은 다음과 같이 수정되어야 할 필요가 있다.

세 시점의 토지이용 래스터 데이터에서 각 시점 사이 부지단위의 천이 행렬 $n_{ij}(t)$와 $n_{ij}(t+1)$, 세 시점 사이에 변화하지 않은 부지수 $r_j(t)$를 구하면, 각 토지이용에 대해 안정된 상태에 있는 부지수 s_j와 확률적으로 변화하는 부지의 천이 확률 $q_{ij}(t)$을 추정할 수 있다(그림 3.5). 모델식의 구체적인 도출과정은 오사라기(大佛, 1998)[7]의 연구를 참조하기 바란다.

안정지점의 존재를 가정한 부지로 구하는 토지이용 천이 모델을 이용해서 실제 토지이용 데이터를 분석하고 안정상태에 있는 부지수를 추정해

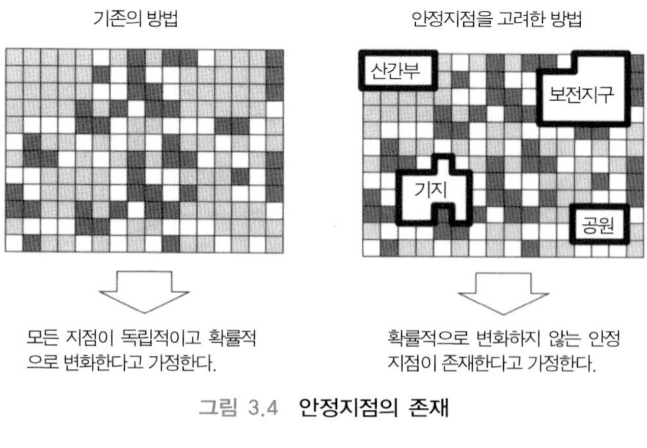

그림 3.4 **안정지점의 존재**

보았다. 토지이용 분류마다 도심으로부터의 시간거리권별로 안정지점의 부지 비율을 추정해 그 결과를 그림 3.6에 나타냈다. 나대지(공지계 空地系)의 용도는 거리권에 상관없이 거의 일정하게 낮은 수치를 보이는 데 반해, 일반 저층 주택지나 상업업무용지에서는 도심에서 높고 교외로 향

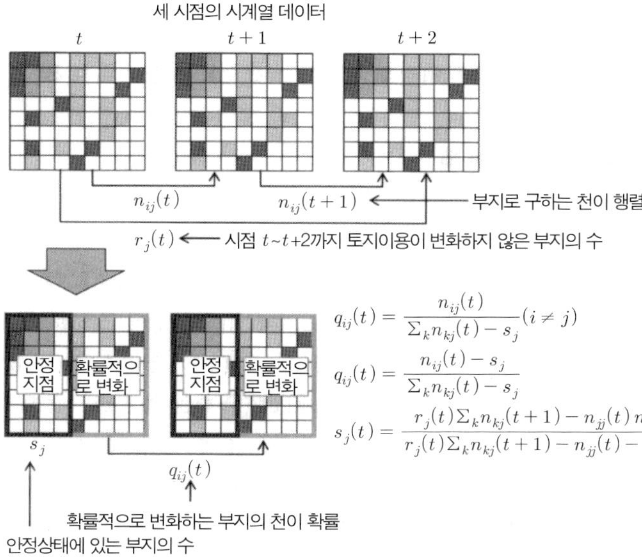

$$q_{ij}(t) = \frac{n_{ij}(t)}{\Sigma_k n_{kj}(t) - s_j}(i \neq j)$$

$$q_{ij}(t) = \frac{n_{ij}(t) - s_j}{\Sigma_k n_{kj}(t) - s_j}$$

$$s_j(t) = \frac{r_j(t)\Sigma_k n_{kj}(t+1) - n_{jj}(t)\, n_{jj}(t+1)}{r_j(t)\Sigma_k n_{kj}(t+1) - n_{jj}(t) - n_{jj}(t+1)}$$

그림 3.5 **안정지점을 고려하여 천이 확률을 구하는 법**

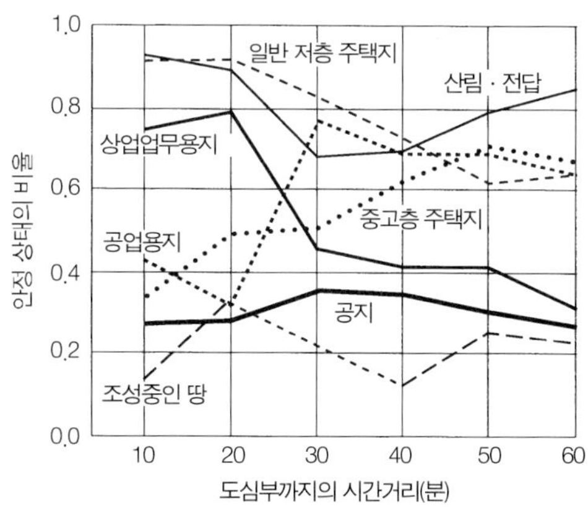

그림 3.6 **안정상태에 있는 부지 비율**

할수록 낮아짐을 알 수 있다. 일반적으로 도심부일수록 토지이용변화는 심한 것으로 보지만, 확률적으로 변화할 가능성의 유무로 평가하면 오히려 도심부 쪽이 변화하는 지점은 적다는 것을 알 수 있다. 이 결과는 주거전용지역이나 상업지역 등의 용도지역 지정이 토지이용 천이의 방향을 규정하기 때문인 것으로 볼 수 있다.

3.2 부지변화 분석

3.2.1 기성 시가지의 부지분할

최근 도심부에서는 부지 세분화(細分化)가 진행되고 있다. 기성 시가지의 경우 부지의 과도한 세분화는 주요환경을 악화시켜 토지의 고도이용을 저해하는 요인이 된다. 나아가서 방재면에서도 다양한 폐해를 초래할 위험이 높다. 따라서 도시계획적으로 부지의 과도한 세분화를 억제하고 협소한 부지는 통합을 촉진시켜 더 큰 부지를 유지 · 형성시키는 것이 바람직하다. 이를 위해 토지의 세분화를 다룬 연구는 지금까지 많이 발표되었다[8,9]. 또한 실제 토지이용의 기본단위는 부지이기 때문에 토지 세분화에 대해서도 부지에 착안한 분석이 시도되어 왔다[10~13].

한편 일본에서는 오래 전부터 부지규모 기준의 설정방법에 관한 연구가 시도되었다[14]. 1992년 도시계획법과 건축기준법 개정에 의해 제1종, 제2종 저층 주거전용지역에서 부지면적의 최저한도를 정하는 것이 가능해져 몇몇 지방공공단체에서 최저 부지규모 규제가 도입되고 이와 관련된 연구도 많이 이루어졌다[15,16].

3.2.2 부지분할 포텐셜과 분할 패턴

이제부터는 전형적인 밀집시가지가 많은 동경의 지방공공단체(약 15만 부지)를 대상으로 한 분석 사례를 바탕으로, 부지분할의 메커니즘에 대해 설명한다. 우선 토지이용계획 데이터(1991, 1996년)를 이용해 두 시점 사이의 부지형상 변화로 부지분할에 대한 정보를 추출했다. 여기에 토지이용규제나 가옥의 정보를 포함한 동경 도시계획 지리정보시스템 데이터(1991, 1996년)를 GIS상에서 통합하여 분석을 위한 기초 데이터로 삼았다. 또한 부지의 폭이나 길이, 접도방위, 가장 가까운 역까지의 시간, 같은 부지에 관한 상세한 정보에 대해서도 GIS 기능을 활용하여 추가했다. 이와 같이 GIS에 구비된 기능을 이용하면 원 데이터에는 존재하지 않는 다양한 정보를 용이하게 부가할 수 있다.

우선 부지분할 방법에 대해 고려하면,

① 어떤 부지가 분할되기 쉬운가?(임의의 부지분할 확률은 어느 정도인가)

② 분할되었다면 어떻게 분할되었는가?

등의 의문에 직면한다. 또한 ②에 대해서는

③ 몇 개의 부지로 분할되었는가?(다분할 확률은 어느 정도인가)

④ 2분할된 경우 단순분할(單純分割)인가, 기간분할(旗竿分割)*인가

등의 분할 특성에 대한 의문도 생긴다. ①에 대해서는 로짓 모델을 이용하고, ③에 대해서는 AIC에 근거한 분할표분석[17)]을 이용하며, ②, ④에 대해서는 정준판별분석을 이용해 분석한 결과 표 3.1에 나타낸 바와 같은 부지분할 특성이 밝혀졌다[18)].

여기서는 기본적인 분할 특성에 대해서만 언급하기로 한다. 부지분할에도 단순분할(單純分割), 각지분할(角地分割), 기간분할(旗竿分割) 등 3개의 기본 분할 패턴이 존재한다(그림 3.7). 분할 후에 2개의 부지가 되는 2분할이 전체의 약 80%를 차지하며 2분할 중에서 약 70%가 기본 분할 패턴이다. 나머지 30%는 부지형상이나 분할방식이 복잡하거나 다양한 분할 사례로 구성되어 있다. 또한 기간분할의 접도방위와 기간 부분의 위치 관계에 대해 조사한(그림 3.8) 결과 동쪽 접도의 경우에는 시계방향이, 서쪽 접도의 경우는 반시계방향이 상대적으로 많다는 것을 알 수 있다. 이는

---

* 역주. 분할한 토지의 모습이 마치 깃대에 깃발이 매어져 있는 형상과 같아 불리워짐

제한된 부지면적에서 일조를 최대한 확보하기 위해 남쪽으로 입구를 두는 것이 유리하기 때문인 것으로 추측된다. 또한 남쪽 접도의 경우는 반시계

표 3.1 부지분할 특성

〈분할 확률에 대해서〉

① 부지의 크기와 관련이 많으며, 부지면적이 넓을수록 분할이 쉽다.
② 길이보다는 폭이 분할 결정에 미치는 영향이 크다.
③ 폭과 길이 중 한 부분이 10m가 되지 않는 부지는 분할 발생이 어렵다.
④ 연면적이 큰 건축물이 지어진 경우나 견뢰(堅牢)건축물이 존재하는 부지는 분할이 발생하기 어렵다(부지분할의 일부는 건축물의 제거 갱신 프로세스 중에 발생한다)
⑤ 도로와 접해 있지 않은 부지는 분할하기 어렵고, 도로와 접해 있는 면의 수가 2 이상인 부지가 분할하기 쉽다.
⑥ 부지의 종횡비도 많은 영향을 미치고 길이가 얕은 부지가 분할 발생이 쉽다.
⑦ 실용적이 법정 용적에 미치지 못하는(용적 충족률이 낮은) 부지일수록 분할이 발생하기 쉽다.
⑧ 평균 건축면적이 큰 지역이나 평균 법정 용적률이 낮은 지역, 평균 용적 충족률이 낮은 지역이 분할되기 쉽다.
⑨ 동수밀도나 상업용지 면적률이 높은 지역이 분할되기 쉽다. 단, 목조 임대 아파트가 많은 밀집시가지는 분할되기 어렵다.

〈다분할 확률에 대해서〉

① 다수의 부지로 분할하기 위해서는 충분히 큰 면적이 필요하지만, 그 이상으로 폭이나 길이의 영향도 크다.
② 건축면적이나 부지면적의 영향도 크다.
③ 폭은 길어질수록 부지면적은 커질수록 다분할될 확률이 높아진다.
④ 용적률이 높은 곳일수록 다분할된다.

〈단순분할과 기간분할에 대해서〉

① 폭의 길이가 클수록 단순분할이 되기 쉽다.
② 길이가 깊을수록 기간분할이 되기 쉽다.
③ 종횡비(폭에 대한 안길이의 깊이)가 클수록 기간분할이 쉽다.
④ 실용적률이 높은 부지가 단순분할이 쉽다(기간분할에서는 「간(竿)」부분에 건축할 수 없어 부지를 고도로 이용할 수 없기 때문).
⑤ 주택용도 부지에서는 기간분할이 쉽다(접도길이의 중요도가 다른 용도에 비해 낮기 때문).
⑥ 상업업무용 용도지역에서는 단순분할이 쉽다(접도길이가 부지의 가치를 정하는 중요한 요소이기 때문).
⑦ 북쪽 또는 남쪽이 도로와 접해 있는 부지는 단순분할되기 쉽다(북쪽 또는 남쪽이 도로에 접해 있는 부지에서 기간분할하면 건축물이 남북으로 병립하고, 특히 주택지의 경우는 일조에 관한 문제가 생기기 쉽기 때문).

방향이 많다. 이는 서쪽으로 햇빛이 들어오는 것을 피하고 동쪽에서 아침 햇빛이 들어올 수 있도록 하기 위한 것으로 추측된다.

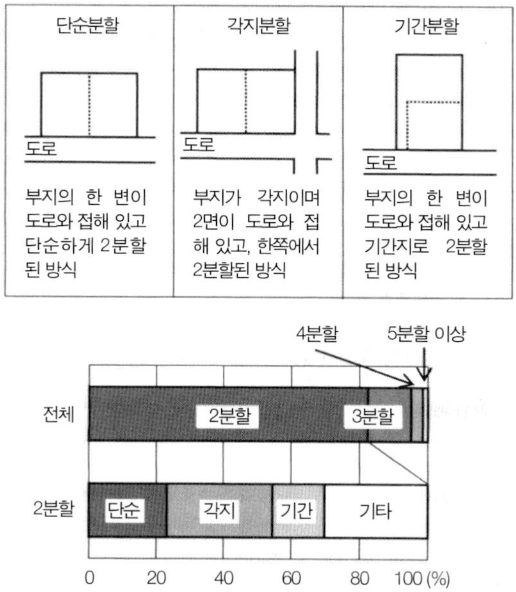

그림 3.7 **부지분할의 기본 패턴과 발생률**

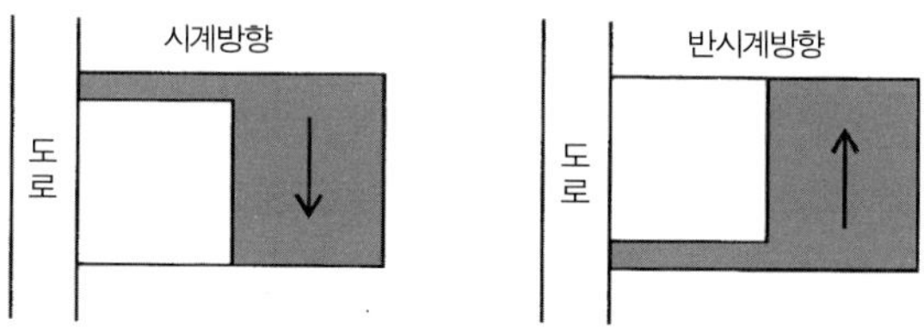

접도방위	북	동	남	서
시계방향	75	111	64	92
반시계방향	75	88	128	110

그림 3.8 **기간분할의 접도방위와 회전방향의 관계(사례 수)**

3.2.3 부지의 분할 · 통합 모델과 시뮬레이션

앞으로 시행하고자 하는 구체적인 시책내용에 대해 어떤 효과를 어느 정도 얻을 수 있을지 미리 알기는 어렵다. 만일 규제 내용별로 그 효과를 정량적으로 평가할 수 있다면 정밀한 시책을 적절한 타이밍에 실시하는 것이 가능해지며, 또한 토지소유자나 시민에 대한 설명 책임도 이론적 근거를 가지게 된다[16].

앞 항에서는 부지분할에 대한 설명을 했는데, 부지통합에 대해서도 검토하고[19], 또한 부지분할 모델과 부지통합 모델을 일체화시켜 앞으로의 부지상태를 예측하는 시뮬레이션 모델을 구축했다[20]. 이제부터는 이 시뮬레이션 모델을 이용하여 부지의 과도한 분할을 억제하기 위해 도입된 '최저 부지규모 규제(법정 건폐율 40%, 50%, 60%에 맞춰 각각 100㎡, 80㎡, 70㎡ 이하가 되는 부지로 분할을 억제하는 규제)'의 효과 검증 결과에 대해 설명하기로 한다.

저층 주거전용지역에서 '면적규제(최저 부지규모 규제)'를 실시한 경우와 그렇지 않았을 경우, 즉 '접도규정'*만 할 경우, 그리고 '규제 없음'의 경우에 대해 평균 부지면적의 추이를 구한 결과를 그림 3.9 왼쪽에 나타냈다. 어떤 제약도 두지 않은 '규제 없음'과 비교하면 '접도규정'은 평균 부지면적 감소를 6기 후(30년 후) 약 1% 억제하는 효과가 있다는 것을 알 수 있다. 그러나 '접도규정'만으로는 평균 부지면적이 258.2㎡(0기)에서 244.0㎡(6기)로 14.2㎡(5.5%) 작아져 버린다. 이에 반해 '면적규제'를 했을 때는 3기 후에 평균 부지면적이 최소가 되고 4기 후에는 매우 적게 증가한다. 이러한 변화를 보이는 것은 초기 단계에서는 분할 포텐셜이 높은 부지가 먼저 다수분할되지만, 면적규제 하에서는 분할할 수 있는 부지 수가 서서히 감소하여 결국 분할보다는 통합하는 경우가 많은 것으로 볼 수 있다. 즉 '최저 부지규모 규제'는 저층 주거전용지역의 부지 세분화를 더

* 역주. 비상시 피난이나 소화활동 등의 이유로 건축물 부지는 2m 이상의 폭으로 도로와 접해야 한다는 규정. 건축기준법 제43조

이상 진행시키지 않는 규제의(현 상태를 유지하는 정도의 규제) 기능을 한다고 평가할 수 있다.

단, 저층 주거전용지역에서는 소위 '기간분할'이 빈번하게 발생한다(부지가 2분할되는 경우 약 1/3이 기간분할에 해당). 기간(旗竿) 부지의 경우 '간(竿)' 부분에는 건축물을 건설하기가 어려우며 그렇기 때문에 '기(旗)' 부분에 최대의 건폐율로 건축되는 경우가 많다. 그 결과 밀집시가지 등에서는 사방이 모두 건축물에 둘러싸이고 인동간격도 매우 짧아져 통풍 · 채광 조건이 나쁠 뿐만 아니라 화재시 연소 위험이 증가하는 등 주택지 환경의 악화를 초래한다. 즉 부지가 기간분할되는 경우에는 '간(竿)' 부분의 면적을 상승시켜 최저 부지규모를 설정하는 방법에 대해서도 검토할 필요가 있다.

다음으로, 중고층 주거전용지역의 시뮬레이션 결과(그림 3.9 오른쪽)를 보면, 평균 부지면적은 '접도규정'만 했을 경우 318.6㎡(0기)에서 305.7㎡(6기)로 12.9㎡(4.0%)가 작아지지만 '면적규제'를 하면 6기 후에는 324.1㎡까지 확대되어 평균 부지면적을 5.5㎡(1.7%) 정도 크게 할 수 있다. 중고층 주거전용지역에서는 '면적규제'가 평균 부지면적의 축소를 억제하고 오히려 확대되는 방향으로 유도할 수 있는 규제로 작용할 가능성이 있다. '접도규정'만으로는 부지 세분화가 불안하고 또한 저층 주택 전용

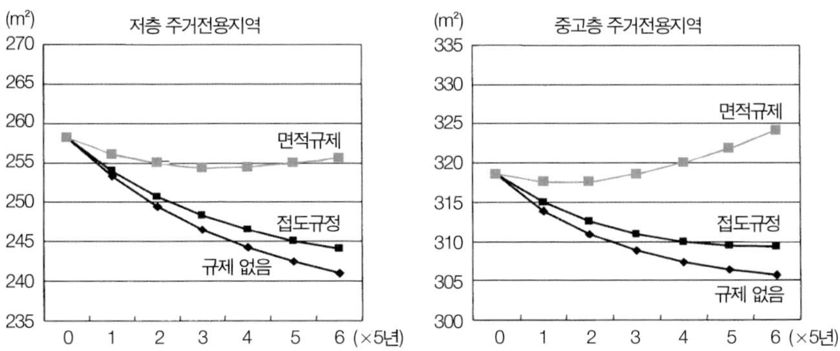

그림 3.9 **평균 부지면적 추이**

지역의 면적규제는 중고층 주거전용지역의 부지 세분화로 나타날 가능성도 있다[16]. 즉 저층 주거전용지역뿐 아니라 중고층 주거전용지역에서도 '면적규제'를 도입할 필요성이 높다고 볼 수 있다.

지금까지는 건폐율과 관련지어 규제 내용을 설정하고 실제로 시행되는 면적규제에 대해 분석하였다. 하지만 같은 규제를 광역 또는 일률적으로 적용하는 것은 일정 규모 이상의 부지 세분화를 용인함과 동시에 기존 부적격 부지의 발생을 초래하는 결과가 된다[21]. 실제로 규제를 적용시킬 때에는 지구나 가구의 특성을 고려해야만 한다.

3.3 건축물변화의 분석

3.3.1 건축물 제거 · 갱신

기성 시가지에서는 건축물이 제거되고 새로운 용도의 건축물이 건설됨으로써 토지이용상황이 변화한다. 즉 건축물 제거의 용이성(또는 잔존의 용이성)은 토지이용변화의 방향이나 속도와 깊은 관련이 있다. 일반적으로 지목의 변화가 주된 관심사인 교외지역의 토지이용변화와는 달리 기성 시가지의 경우는 건축물의 제거 · 잔존 성향을 어떻게 다룰 것인가가 좀 더 상세한 토지이용 모델을 구축하는 데 있어서 중요하다[6]. 또한 가옥의 불연화나 내진화를 도모하는 것도 가옥의 제거 · 갱신이 계기가 되는 경우가 많다. 즉 건축물의 제거 · 잔존 성향에 관한 논의는 지역의 불연화나 내진화의 진전속도와도 관련이 있어 지역방재계획에 대해 고려하는 것도 중요하다[22]. 이를 위해 신뢰성 이론을 바탕으로 각 건축물의 건축년수와 제거 · 잔존에 관한 데이터를 이용하여 건축물의 잔존 확률을 추정하는 연구가 이루어져 왔다[23~26]. 그러나 건축물의 건축년수와 제거 · 잔존에 관한 정보를 얻기는 어렵고 제안방법의 응용 범위도 제한적이었다.

건축물 잔존의 용이성을 나타내는 잔존 확률 함수 모델(구간 잔존 확률 함수)을 안정적으로 추정하는 방법에 대해 설명하기로 한다. 또한 건축년수에 관한 정보를 얻지 못하더라도 수치지도를 바탕으로 건축물의 노후도를 구하고 이를 이용해서 앞으로의 잔존 건물수를 추계(推計)하는 방법에 대해 설명하겠다.

3.3.2 잔존 확률 함수 모델의 도출과 추정

건축물의 건축년수를 $t(t>0)$, 건축물의 속성(건물용도, 입지장소의 특성 등)을 $j(j=1, \cdots, m)$으로 표현한다. 속성 j의 신축 건축물이 t년 후까지 계속 잔존할 확률을 $P_j(t)$로 표시하고 '잔존 확률 함수'라고 부른다. 신뢰성 이론[27]에서 기초적 지식과 간단한 수식 계산으로 $P_j(t)$는 다음 식과 같이 나타낼 수 있다.

$$P_j(t) = \exp\left[-\sum_{k=1}^{K} a_{jk} t^k\right] \tag{3.1}$$

단, a_{jk}는 매개변수이다. 또한 건축년수 t까지 잔존한 건축물이 건축년수 $t+\Delta t(\Delta t>0)$까지 계속 잔존할 확률을 $P_j(t+\Delta t|t)$로 나타내고 '구간 잔존 확률 함수'라고 부른다. 구간 잔존 확률 함수 $P_j(t+\Delta t|t)$는 조건부 확률이기 때문에 식 (3.1)의 잔존 확률 함수 $P_j(t)$를 이용하여 다음 식과 같이 나타낼 수 있다.

$$P_j(t+\Delta t|t) = \frac{P_j(t+\Delta t)}{P_j(t)} = \exp\left[-\sum_{k=1}^{K} a_{jk}\{(t+\Delta t)^k - t^k\}\right] \tag{3.2}$$

즉, 미지 매개변수 a_{jk}의 값이 구해지면 잔존 확률 함수 및 구간 잔존 확률 함수를 구할 수 있다. 모델식의 도출과정이나 추정방법에 관한 상세한 내용은 오사라기(大佛) · 가마다(鎌田)(2005)의 연구[28]를 참조하기 바란다.

어느 지방공공단체의 건축물 건축년수와 제거 · 잔존에 관한 데이터를 이용하여 매개변수 a_{jk}를 추정했다. 구간 잔존 확률 함수 $P_j(t+5|t)$는 그림 3.10과 같다. 이 구간 잔존 확률 함수를 이용하면 건축물이 5년 후까지 잔존할 확률을 쉽게 구할 수 있다. 예를 들면 지은 지 15년된 공동주택인 경우 5년간 잔존 확률은 약 0.92이며, 지은 지 30년된 공동주택은 약 0.70이라는 것을 쉽게 알 수 있다. 마찬가지로, 잔존 확률 함수 $P_j(t)$는 그림 3.11과 같다. 이 잔존 확률 함수 $P_j(t)$를 이용하면, 신축된 공동주택이 15년 후까지 또는 30년 후까지 계속 잔존할 확률은 각각 약 0.95, 약 0.55라는 것 등, 각 용도별로 구체적인 수명 특성을 알아내는 것이 가능하다.

잔존 확률 함수 모델은 건축년수 t의 연속함수로 구성하고 있기 때문에 임의의 건축년수 t의 잔존 확률 $P_j(t)$ 및 임의의 타임래그 Δt의 구간 잔존 확률 $P_j(t+\Delta t|t)$를 구할 수 있다. 따라서 기존의 방법보다 응용성이 높고 다양한 시뮬레이션에 편입시킬 수 있다.

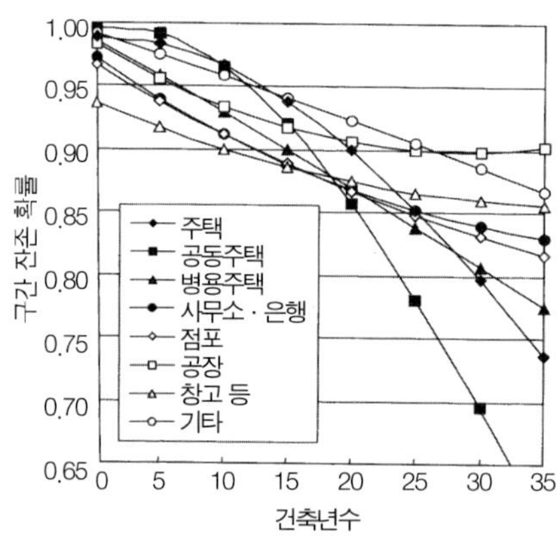

그림 3.10 **구간 잔존 확률 함수(Δt =5)**

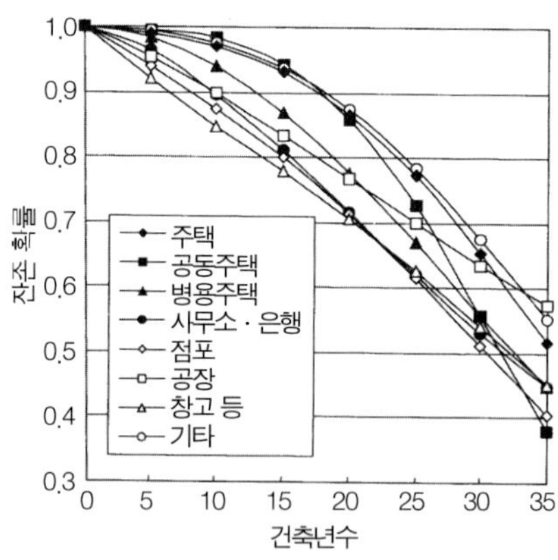

그림 3.11 **잔존 확률 함수**

3.3.3 지역 내 건물 평균 노후도를 추정하는 방법

구간 잔존 확률 함수의 역함수를 구성하면 구간 잔존율로 건축년수를 추정할 수 있다. 구체적으로는 ① 어느 지역에서 Δt년 동안 관측된 건축물의 제거 · 잔존 수로 해당 지역의 구간 잔존율(지역 내 구간 잔존율)을 추정한다. 예를 들면 관측 시점이 다른 두 수치지도와 항공사진을 비교하여 건축물의 제거 · 잔존 수를 구하면 지역 내 구간 잔존율을 추정할 수 있다[29, 30]. ② 다음은 이 추정치를 구간 잔존 확률 함수의 역함수에 대입하면 해당 지역에 존재하는 건축물의 평균적인 노후도(지역 내 건물 평균 노후도)를 추정할 수 있다(구간 잔존 확률 함수의 역함수를 구성하지 않아도 구간 잔존 확률 함수 그래프(그림 3.10)를 바탕으로 구체적인 수치를 알아내도 된다).

3.3.4 제거 · 잔존 건물수의 장래 추계와 추계 정확도

각 건축물의 건축년수에 관한 정보를 얻을 수 있다면 해당 건축물의 구간 잔존 확률을 추정할 수 있으며, 각 건축물의 제거 · 갱신 프로세스를 짜넣은 상세한 시뮬레이션 모델을 구성할 수 있다. 그러나 건축년수에 관한 정보를 얻는다는 것은 쉬운 일이 아니다. 따라서 '지역 내 건물 평균 노후도'를 이용하면 건축년수에 관한 데이터가 없더라도 제거 · 잔존 건물수의 장래 추계를 비교적 높은 정확도로 추정할 수 있다[31].

제거 · 잔존 건물수를 추정하는 방법에는 그림 3.12에 나타낸 4가지 방법(방법 ①~④)이 있다. 우선 ①과 ②는 건축년수에 관한 정보를 직접 이용하는 방법이다. 반면 ③과 ④는 두 시점의 건물형상에 관한 도형 데이터를 이용하여 추정하는 방법이다. 방법 ①~④를 이용하여 제거 · 잔존 건물수의 장래 추계를 하고, 그 추계 정확도에 대해 검토한 결과는 그림 3.13과 같다. 처음에는 '상업업무용 건물'의 결과처럼 각 건축물의 건축년수를 이용하는 방법 ①이 가장 높은 정확도를 보일 것으로 예상했으나 상업업무용 건물을 제외한 경우는 방법 ④가 우수하다는 것을 알 수 있었

[방법 ①] 각 건물의 건축년수 t를 이용하는 방법

각 건물의 건축년수 t를 대입하여 건물마다 구간 잔존 확률을 추정

$$N_j^{T+\Delta t} = \sum_t N_j^T(t) P_j(t+\Delta t \mid t)$$

단, $N_j^T(t)$는 시점 T의 건축년수 t, 건물 속성 j의 건물 수

[방법 ②] 지역 내 건물의 평균 건축년수 $\bar{t}$를 이용하는 방법

지역 내 건물의 평균 건축년수 $\bar{t}$를 대입하여 모든 건물에 공통된 구간 잔존 확률을 추정

$$N_j^{T+\Delta t} = N_j^T P_j(\bar{t}+\Delta t \mid \bar{t})$$

[방법 ③] 지역 내 구간 잔존율 $\overline{P_i}(\Delta t)$를 이용하는 방법

두 시점 (T, $T+\Delta T$)의 건물 형상 데이터에서 구간 잔존율 $\overline{P_i}(\Delta t)$을 구하여, 지역 내 건물이 앞으로도 일정 비율로 제거될 것으로 예상된다.

$$N_j^{T+\Delta t} = N_j^T \overline{P_j}(\Delta t)$$

단, $\overline{P_j}(\Delta t)\left(\dfrac{N_j^{T+\Delta t}}{N_j^T}\right)^{\Delta t/\Delta T}$

[방법 ④] 지역 내 건물 평균 노후도 $\hat{t}$를 이용하는 방법

지역 내 건물 평균 노후도 $\hat{t}$를 이용해 구간 잔존 확률을 추정

$$N_j^{T+\Delta t} = N_j^T P_j(\hat{t}+\Delta t \mid \hat{t})$$

단, T시점의 지역 내 건물 평균 노후도 $\hat{t}$는 두 시점 (T, $T+\Delta T$)의 형상 데이터로 추정한다.

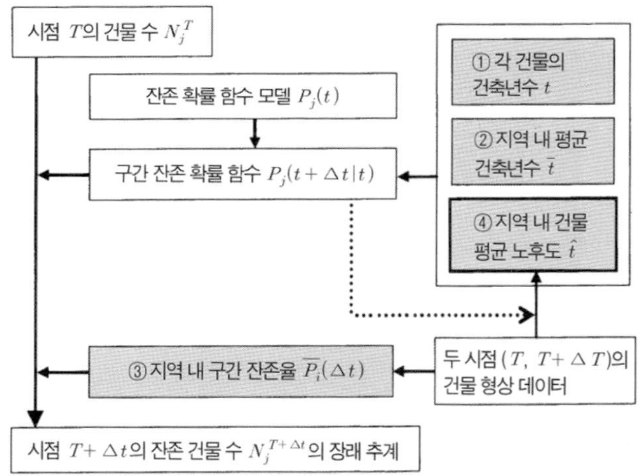

〈구간 잔존 확률의 추정 방법〉

건축된 지 t_0년 된 건물이 Δt 년 후까지 잔존할 확률은 구간 잔존 확률 함수에 t_0를 대입하여 추정한다.

〈건물 평균 노후도의 추정 방법〉

두 시점 (T, $T+\Delta T$)의 건물 형상 데이터에서 지역 내 건물의 구간 잔존율을 구해 기간 ΔT의 구간 잔존 확률 함수를 이용하여 추정한다.

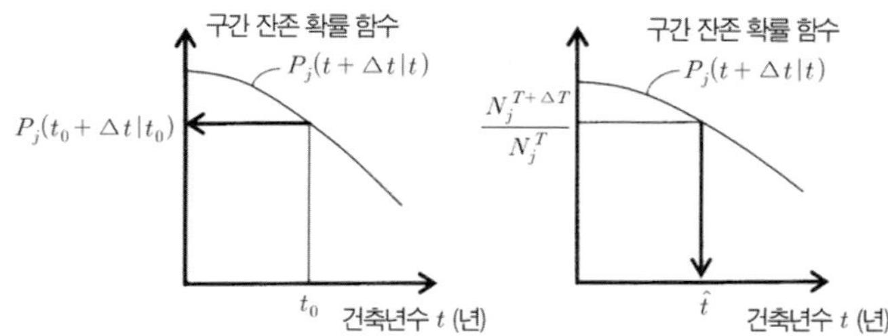

그림 3.12 **잔존 건물 수의 추계 방법**

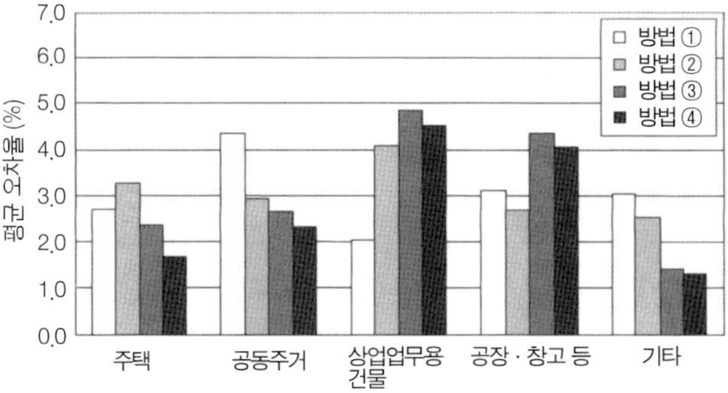

그림 3.13 **잔존 건물수의 추계 정확도**

다. 정(町)이라는 비교적 작은 공간 단위는 제거 · 잔존 성향의 지역격차가 큰 영향을 주기 때문에 상세한 건축년수 정보를 이용하는 방법 ①이라 하더라도 정확도가 그리 높지 않았다. 반면 방법 ④에 따르면 실제로는 비교적 새로운 건축물이 많은 지역이라 하더라도 제거율이 높은 지역에서는 상대적으로 높은 노후도 지역으로 보는 등 해당 지역의 제거 · 잔존 성향을 반영시킬 수 있기 때문에 높은 정확도 추계를 할 수 있다고 보는 것이다.

3.3.5 동경구 내의 잔존 건물수에 대한 장래 추계

동경 도시계획 지리정보시스템 데이터(1991, 1996년)를 이용하여 도면중첩(map overlay) 방법으로 제거 · 잔존 건물수를 구하고, 동경구 내에서 지역 내 건물 평균 노후도를 정(町) 단위로 추정한 결과의 일부를 그림 3.14에 나타냈다.

그리고 방법 ④를 바탕으로 잔존 건물수의 장래 추계를 했다. 잔존 건물률(1991년에 존재한 건물수에 대한 2016년의 잔존 건물수의 비율)을 정(町) 단위로 구하여 그림 3.15에 나타냈으며, 그림은 현존하는 건축물의 잔존 용이성 공간분포를 나타내고 있다.

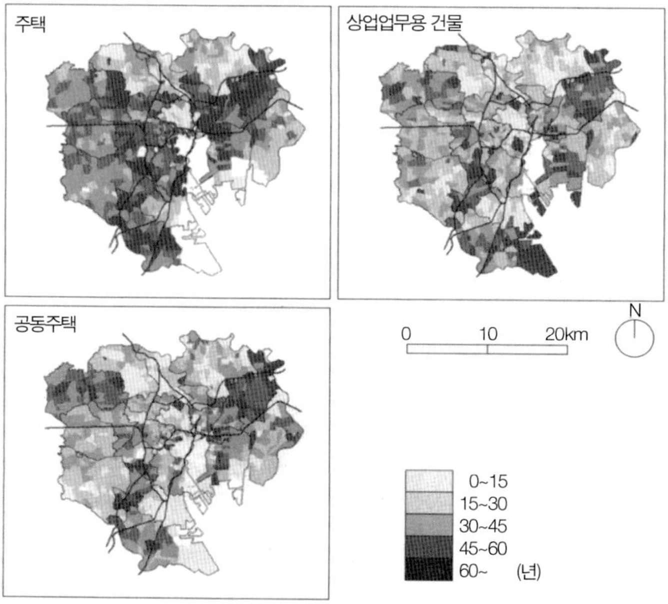

그림 3.14 **지역 내 건물 평균 노후도의 공간분포**

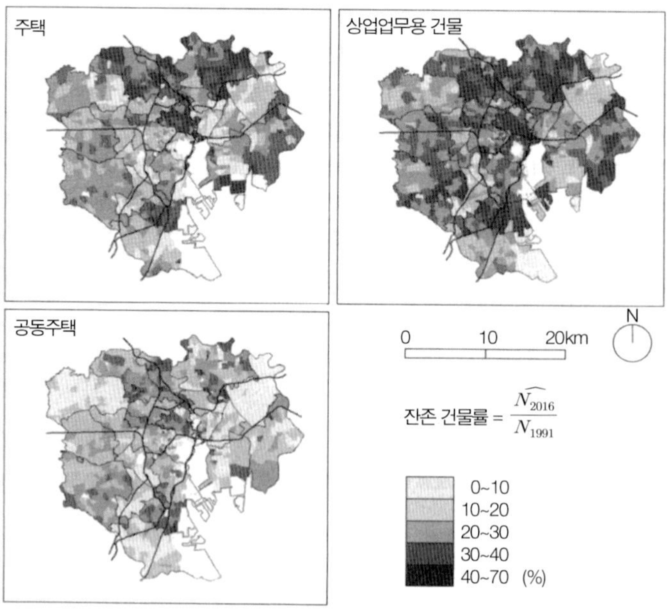

그림 3.15 **용도별 잔존 건물률의 공간분포**

3.4 소결

이 장에서는 GIS 데이터를 이용하여 도시의 변화를 추출하고 분석하는 방법에 대해 설명했다. 구체적으로는 우선 래스터 데이터를 이용하여 토지이용 천이 확률을 추정할 때의 문제점에 대해서 정리하였으며, 이와 동시에 기존 대규모 래스터 데이터를 유효하게 활용하기 위한 분석방법에 대해 설명했다.

그리고 어떤 부지가 분할되기 쉬운가, 또한 어떻게 분할되기 쉬운가에 대해서 고찰하고, 부지의 분할방식에 영향을 미치는 부지 조건이나 접도 조건, 장소성 등에 대해 설명했다. 또한 부지의 분할 · 통합을 말해주는 확률 모델을 이용하여 시뮬레이션하고 최저 부지규모 규제에 의한 시가지 컨트롤의 가능성에 대해서 설명했다.

마지막으로, 건축물의 제거 · 잔존 특성을 나타내는 잔존 확률 함수 모델에 대해 설명하고, 두 시점의 건물형상 데이터로 지역 내 건물 평균 노후도를 구해서 앞으로의 제거 · 잔존 건물수를 추계하는 방법에 대해 설명했다.

위성영상이나 GPS, 레이저 측량 기술 등을 비롯한 관련 분야의 진전과 더불어 시간축을 도입한 다차원 GIS 데이터 정비는 점점 가속화될 것으로 여겨진다. 이러한 데이터베이스는 즉시 공개하여 상호간 활용하면서 부가가치를 높이고, 보다 정교하고 수준 높은 '사회자본'으로 활용할 필요가 있다. 여러 시점의 공간데이터를 활용한 도시의 시공간분석은 장래의 도시상태를 예측하고 도시를 바람직한 상태로 유도해 나가기 위해서도 중요한 연구 분야 중 하나라고 생각된다. 이전까지의 '공간분석'이 진정한 의미에서 '시공간분석'으로 크게 전개될 것으로 기대한다.

인용문헌

1) 金　俊栄ほか（1991）：土地利用遷移行列による都市の土地利用用途転移の分析．日本建築学会計画系論文報告集，**424**：69-78.

2) 石坂公一（1992）：土地利用遷移行列の分析手法に関する考察．日本建築学会計画系論文報告集，**436**：59-69.

3) 青木義次・永井明子・大佛俊泰（1994）：遷移確率行列を用いた土地利用分析における誤差評価．日本建築学会計画系論文集，**456**：171-177.

4) 大佛俊泰・栗崎直子（1996）：効用概念に基づく土地利用遷移確率モデルの構築とその応用．GIS—理論と応用，**4**(2)：7-14.

5) 吉川　徹（1994）：二項分布による敷地土地利用転換モデルに関する考察．総合都市研究，**53**：113-121.

6) 大佛俊泰ほか（2003）：敷地単位の転換確率に基づく土地利用モデル．日本建築学会計画系論文集，**564**：203-210.

7) 大佛俊泰ほか（1998）：都市メッシュデータを用いた土地利用遷移確率行列の推定方法．総合都市研究，**65**：25-33.

8) 松縄　隆・小松ゆり枝（1986）：既成市街地における土地の細分化に関する考察．日本都市計画学会学術研究論文集，**21**：73-78.

9) 高見沢邦朗（1977）：既成市街地における宅地の細分化と権利移動．日本建築学会論文報告集，**254**：89-96.

10) 日高靖朗・浅見泰司（1998）：遺伝的アルゴリズムを用いた敷地分割最適化システム．地理情報システム学会講演論文集，**7**：275-280.

11) 浅見泰司・マニルザマン，K. M.（1994）：住宅用敷地の枢要形状存在仮説の統計的検証．総合都市研究，**53**：99-111.

12) 浅見泰司ほか（1994）：街区の住宅敷地分割特性に関する数理形態学的研究，第一住宅建設協会.

13) Maniruzzaman, K. M., *et al*. (1994)：Land use and the geometry of lots in Setagaya ward Tokyo. GIS—理論と応用，**2**：83-90.

14) 河中　俊（1984）：住宅の敷地規模基準およびその提案に関する史的考察．日本都市計画学会学術研究論文集，**19**：115-120.

15) 林田康孝（2003）：横浜市における敷地規模規制の導入経緯及び規制内容設定の考え方．日本都市計画学会都市計画論文集，**38**(1)：58-66.

16) 林田康孝（2005）：最低敷地規模規制の導入効果に関する基礎的分析—横浜市における住宅敷地面積の変化分析を中心として—．日本都市計画学会都市計画論文集，**40**(2)：33-38.

17) 坂元慶行ほか（1983）：情報量統計学，236p，共立出版.

18) 大佛俊泰・井上　猛（2006）：敷地の分割ポテンシャルと分割パターンのモデル分析．日本建築学会計画系論文集，**605**：151-157.

19) 大佛俊泰・井上　猛（2005）：既成市街地における敷地統合のモデル化と要因分析．日本建築学会計画系論文集，**592**：147-153.

20) 大佛俊泰・井上　猛（2007）：既成市街地における敷地の分割・統合シミュレーションと最低敷地規模規制の検証．日本建築学会計画系論文集，**614**：199-204.

21) 鶏内久之ほか（2005）：住宅地における敷地狭小化に対する規制誘導手法に関する研究—江戸川区を事例として—．日本都市計画学会学術研究論文集，**40**：433-438.

22) Osaragi, T. (2005)：The life span of buildings and the conversion of cities to an incombustible state. *Safety and Security Engineering IV*, pp. 495-504, WIT Press.

23) 小松幸夫ほか（1992）：わが国における各種住宅の寿命分布に関する調査報告—1987年固定資産台帳に基づく推計—．日本建築学会計画系論文報告集，**439**：101-110.

24) 小松幸夫（1992）：建築物寿命の年齢別データによる推計に関する基礎的考察．日本建築学会計画系論文報告集，**439**：91-99.
25) 堤　洋樹・小松幸夫（2004）：1980年以降における木造専用住宅の寿命推移．日本建築学会計画系論文集，**580**：169-174.
26) 大佛俊泰・清水貴雄（2002）：建築物の除却関連因子と残存確率曲線の推定．日本建築学会計画系論文集，**560**：201-206.
27) 市田　崇・鈴木和幸（1984）：信頼性の分布と統計，322p，日科技連出版社.
28) 大佛俊泰・鎌田詩織（2005）：建築物の残存確率関数モデルの導出と地域内建築物平均老朽度推定への応用．日本建築学会計画系論文集，**595**：81-85.
29) 三浦昌生・八講朋子（1997）：住宅の築年数調査による建て替えが必要な地区の抽出．日本建築学会大会学術講演梗概集，D-1：989-990.
30) 伊藤香織・曲渕英邦（2001）：既存情報を活用した時空間データ作成手法ー地図内・地図外情報の曖昧性を考慮した空間要素同定を用いてー．地理情報システム学会講演論文集，**10**：147-150.
31) 大佛俊泰・鎌田詩織（2006）：残存確率関数モデルを用いた除却・残存建物数の推計方法について．日本建築学会計画系論文集，**609**：41-46.

4 교통과 GIS

4.1 교통 분야에서의 GIS

교통계획 분야에서 활용되고 있는 GIS에 대해 현시점에서의 기술동향을 살펴보고 ① 교통 분야에서의 GIS 활용 시점, ② 교통 분야에서의 데이터 처리 특징, ③ 교통정책 과제의 GIS에 의한 평가 가능성을 차례로 정리해나가기로 한다.

4.1.1 교통 분야에서의 GIS 활용 시점

GIS란 컴퓨터상에 지도정보와 다양한 부가정보를 활용하여 작성 · 보존 · 이용 · 관리하고 지리정보를 참조할 수 있도록 표시하는 기능을 가진 시스템이며, 현재 교통 분야에서의 활용 실정은 경제 분야나 마케팅, 사회학 등의 분야에 비해 큰 차이가 없는 것으로 볼 수 있다. 만일 교통 분야에서만 특별히 갖는 독자적인 특징이 있다면 교통 분야에서는 '이동' 자체를 취급한다는 점이다. 네트워크상에 이동하는 이동체(차나 사람, 전차나 버스)를 어떻게 GIS상에 나타내고, 교통정책의 대상단위가 되는 링크(도로 교차점과 교차점 사이를 잇는 도로 단위)나 노드(교차점)에 어떤 방법으로 정보를 집약할 것인가, 이를 위해 어떤 과정으로 데이터를 클리닝하고 GIS상에 담을 것인가가 중요한 관점이 된다.

4.1.2 교통 분야에서의 데이터 처리 특징

교통 분야에서는 교통량 배분이나 교통 시뮬레이션 분석에 GIS가 활용되고 있다. 이러한 분석기술은 이동체를 오브젝트로 취급하여 GIS가 담고 있는 교통 네트워크 데이터를 이용하여 원하는 계산 알고리즘을 적용시키고 다양한 교통시책을 실시했을 경우 이동체의 행동 · 이동 변화를 계산한다. GIS 관점에서 중요한 것은 분석 알고리즘 자체보다 알고리즘 내에서 취급되는 정보의 스케일일 것이다.

도로교통량 배분에는 매크로 · 마이크로 시뮬레이션이 있다. 매크로 시뮬레이션의 교통 흐름상태는 동파이론(kinematic wave)에 근거하여 연속체로 취급하고 일정 링크 단위로 계산 · 집계되기 때문에 GIS에서는 상류 노드 위치, 하류 노드 위치, 링크의 퍼포먼스 함수가 정의될 필요가 있다.

한편 마이크로 시뮬레이션은, 매크로 시뮬레이션에서 정의된 링크의 퍼포먼스 함수가 아닌 각 차량마다 의사결정 주체가 되어 주위 차량의 위치와 속도에 따라 자신의 속도를 조절함으로써 네트워크상의 교통현상을 재현하게 된다. 이런 경우 GIS측에서 중요한 것은 차량 위치좌표의 저장 · 갱신방법이다. 매크로 시뮬레이션은 링크의 접속조건을 바탕으로 경계조건의 인도(引渡)계산이 이루어지는데 반해, 마이크로 시뮬레이션에서는 차량간의 위치 데이터를 다체계산으로 처리할 필요가 있다. 방대한 차량 위치 데이터(일종의 공간정보데이터)를 컴퓨터 메모리 내에서 어떻게 처리하여 GIS 내에 저장할 것인가에 대해서는 연구가 필요하다.

교통의 유동 데이터는 생생한 관측 데이터가 되기도 하고, 시뮬레이션 모델이 배출된 데이터가 되기도 하며, GIS상에서 일종의 '단위'로 집약된다. '단위'란 분석을 위한 정보집약 요소이며, 교통정책담당자나 연구자의 분석관점에 따라 결정된다. 예를 들면 교통 마스터플랜을 수립할 경우, 교통정책담당자가 정정목(町丁目)에서 거리의 상태를 파악한다면 존(zone)이라는 단위로 데이터를 집계하려고 할 것이고, 교통 분석을 하는 컨설턴트가 확률적 이용자 균형 배분을 사용한다면 링크에서 1일 단위로 집계된 교통량과 존(zone) 사이의 OD(Origin & Destination)표를 필요로 할 것이다. 이렇듯 분석자의 요구에 맞게 GIS에서는 집계모듈을 준비해 둘 필요가 있으며, 그 요구는 더욱 다양할 것이다.

또한 실제로 교통 분야에서의 데이터 활용을 고려할 때 중요한 관점은 집계의 갱신 빈도이다. GIS는 좁은 의미에서는 데이터를 저장해 두는 DB와 데이터를 표시하기 위한 GUI로 구성된다. 교통 분야에서는 교통계획 입안처럼(사회학이나 경제학과 마찬가지로) 즉시성이 요구되지 않는 경우와 교통정보통신처럼 즉시성이 요구되는 경우가 동시에 존재한다. 후자는 데이터 처리 속도가 중요하기 때문에 데이터베이스 구성이나 데이터 처리 알고리즘이 매우 중요하다. 이때는 데이터 처리내용과 그 과정에 맞게 GIS의 DB를 최적화할 필요가 있다. 반대로 말하면 데이터 처리내용에 맞게 DB의 최적화가 이루어지지 않은 GIS는 별 소용이 없다는 말이다.

이상과 같은 관점에서 교통 분야의 GIS 구현이 필요하다.

4.2 교통 분야에서 프로브(Prove)조사와 GIS 활용법

교통 분야에서 주목받는 프로브 데이터 처리과정을 예시로 하여 교통 분야에서의 GIS를 고찰하고자 한다. 교통 분야에서 프로브란 사람이나 차에 센서(GPS나 가속도, 자이로 등)를 장착하여 이동체 자체와 이동체 주변의 상태를 관측하는 기술을 가리킨다. 교통계획에 있어 실무(또는 연구)의 데이터 흐름은 관측→집계→분석이라는 과정으로 이루어지는 경우가 많다. 여기서 말하는 '관측'이란 주로 설문조사에 의한 행동기록 관측을 가리킨다. 설문지를 이용한 조사에서는 응답자가 행동기록을 종이에 써넣기 때문에 정확한 위치(위도 · 경도)를 기록하는 것이 어렵다. 관측 스케일은 정정목(町丁目)이 되기도 하고, 역이름이 되기도 하며, 인간의 기억 단위에 한정되기도 한다. 이러한 관측 스케일로 지도상의 집계단위가 결정되어 GIS를 이용하여 집계 · 저장되는 것이다. 한편 프로브 데이터에서는 위치(위도 · 경도)를 어느 정도 정확하게 계측할 수 있게 된다. '어느 정도'라는 말은 GIS나 Bluetooth 같은 무선전파의 전해강도 등 이용하고 있는 센서에 의해 위치 정확도가 변화되지만, 일정한 정확도로 이동체의 데이터를 수집할 수 있는 것은 (앙케트와는 다른) 통신 시스템을 사용하면 실시간 GIS로 저장 · 이용이 가능하다는 것을 의미한다. 이러한 기술은 현재의 GIS에 대해 과대한 성능을 요구하는 것일지도 모른다. 방대한 위치 데이터의 품질이 반드시 정확하다고는 말할 수 없기 때문에 데이터 클리닝이 필요하며, 질의(Query)에 맞게 정보 압축 · 검색을 하기 위해서는 전처리도 필요하다. 프로브 데이터에 필요한 GIS 기술을 다음과 같이 전망해본다.

4.2.1 프로브조사

프로브조사의 실시 흐름도는 그림 4.1과 같다. 조사 실시까지의 기본적인 흐름에서 가장 중요한 것은 조사목적에 맞는 구조를 설정하는 것이다. 이는 일반 앙케트조사나 플로팅조사와 마찬가지이다.

프로브조사에서 특히 주의해야 할 것은 데이터의 위치 정확도와 취득 간격 설정이다. 조사목적에 맞는 데이터 취득은 모든 조사의 기본이지만 프로브조사에서는 데이터 취득의 시간 간격과 정확도에 따라 분석 대상을 포착할 수 없거나 데이터가 과잉으로 기록될 우려가 있다. 고속도로의 추종 행동을 기록하는 데 취득 간격이 2분이고, 위치 정확도가 ±10m인 GPS 휴대전화를 선정한다면 정확도가 너무 떨어진다고 할 수 있다.

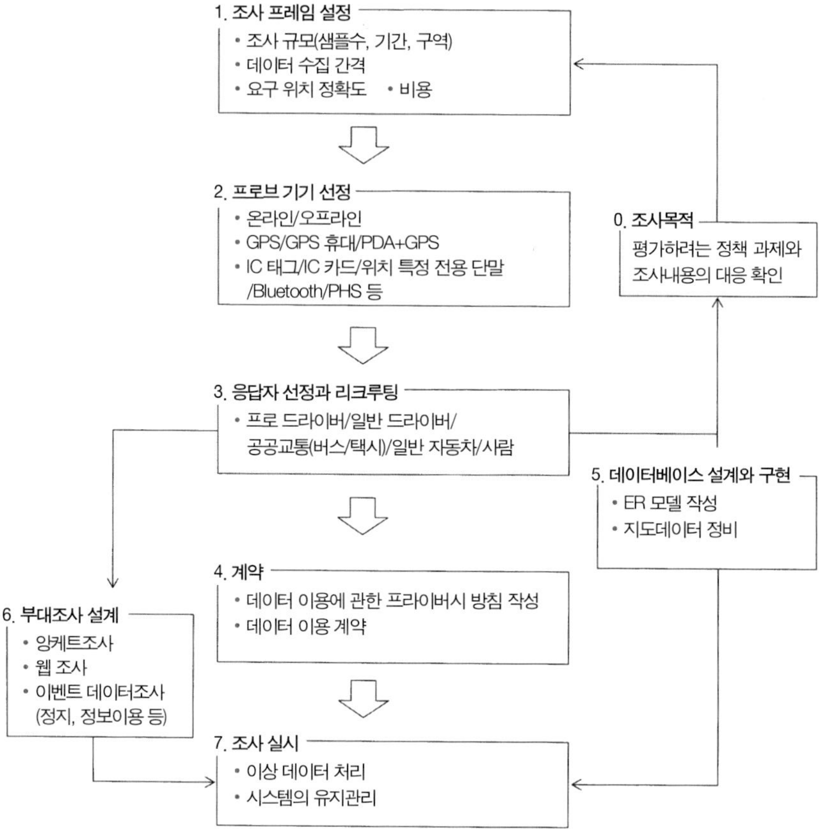

그림 4.1 **프로브조사의 실시 흐름**

GPS 전용 단말, GPS 휴대, PDA+GPS, IC 태그/IC 카드, Bluetooth, PHS* 등 프로브조사에 이용할 수 있는 여러 가지 조사기기가 시판되고 있다. 따라서 이용 가능하고, 조사목적에 맞는 프로브 조사기기를 선정하는 것이 중요하다.

프로브 비히클(vehicle)조사는 기기의 크기나 배터리 유지 시간 등에 제약이 적기 때문에 조사데이터를 안정적으로 얻을 수 있다. 단, 조사목적을 미리 잘 검토한 다음에 연비 추정 판정을 위한 쇼트 트립 판정 플러그

* 역주. 간이형 휴대전화시스템(personal handiphone system)

등 분석상 필요한 이벤트 데이터를 추가하여 취득하는 것이 사후분석을 효율적으로 하는 데 있어서 중요하다. 또한 일본이나 한국, 대만 등의 벤처기업에서는 맵 매칭기능이나 포터블 교통관제 시스템, 정보통신 시스템의 모듈화 기술개발도 한창이므로 프로브 비히클조사 실시에 대해 장기적인 전망을 세운 후 필요에 맞는 기술을 도입해 나가는 것이 요구된다.

프로브 퍼슨(person)조사가 실시될 당시 PHS의 전계강도(電界強度) 감쇠특성을 이용한 위치 특정 서비스를 이용하는 경우가 많았다[1]. 최근에는 GPS 휴대의 위치 특정 기능을 이용한 조사 사례를 많이 볼 수 있다[2]. 휴대전화를 기본으로 한 LBS(location based service : 위치정보 서비스)의 충실과 위치 특정 기능의 표준장비 같은 사회적 요청에 의해 GPS 휴대전화 보급률이 해마다 증가하고 있기 때문이다. 또한 IC 태그나 IC 카드를 이용한 조사도 공공단체나 보행자 회유조사에는 유효하다[3]. GIS를 베이스로 한 액티비티 조사[4]는 인터넷 등을 활용하여 실시하면 부가가치가 높은 조사데이터를 얻을 수 있다(그림 4.2)[2].

그림 4.2 **프로브 퍼슨조사와 웹 다이어리 병용**

온라인조사는 통신비용이 많이 들기 때문에 데이터 전송방법을 선정하는 데 주의할 필요가 있다. 조사 프레임 설정시 조사목적을 잘 살펴보면 반드시 온라인에서 위치 데이터가 필요하지 않은 경우도 많다. 온라인 단말기를 사용하거나 조사기기 내의 메모리에 데이터를 일단 축적해 두었다가 전송하면 배터리 유지 시간을 늘리고 통신비용을 낮추는 것도 가능하면, 조사를 실시할 때는 이에 대한 연구가 필요하다.

조사대상자나 조사차량을 선정할 때는 조사목적에 맞는 샘플 추출이 중요하다. 프로브조사는 랜덤 샘플링이 어려운 경우가 많다. 따라서 계층적인 샘플 보정기술을 확립하는 것이 반드시 필요하다. 일반차량의 평균시간을 분석하고자 할 경우 버스나 택시의 데이터를 그대로 사용하는 것은 문제가 있다. 쇼트 트립분석이나 일반차량의 주행 데이터와 비교 · 분석한 후 데이터 보정을 통해 유효한 데이터로 이용해야 한다.

다량의 데이터를 효율적으로 취급하는 것은 조사 실시 전 최적의 GIS 데이터베이스를 설계하는 것이 요구된다. 조사항목 간의 상호관계를 나타내는 ER도(entity relation diagram : 실제처리항목, 처리시간, 최종 처리내용 등을 정비한 설계도)를 미리 설계해 두는 것이 중요하다. 분석처리과정의 확인에 의한 조사항목 편입은 퍼슨 트립조사처럼 대규모 교통조사에서도 이루어지고 있다. 한편 프로브조사에서는 방대한 양의 데이터를 단시간에 자동 수집할 수 있기 때문에 데이터베이스를 미리 설계 · 구현해 두는 것이 더욱 중요하다. 이렇게 함으로써 프로브조사의 이점인 데이터 처리 시간 단축을 실현할 수 있다.

조사 실시에 앞서 조사 주체의 프라이버시 방침을 조사대상자에게 개시해야 한다. 기존의 앙케트조사에서도 이러한 과정은 중요했는데 프로브 데이터를 온라인에서 취급할 경우, 프라이버시 정보의 유출 가능성이 높다. SSL* 등의 통신방법 채용이나 개인정보와 행동 데이터를 나누어 취급하는

* 역주. Secure Sockets Layer, 보안 소켓 계층을 이르는 말로, 인터넷에서 데이터를 안전하게 전송하기 위한 인터넷 통신 규약 프로토콜

등 이용목적 한정을 문서화한 프라이버시 방침을 작성하는 것이 필요하다. 그리고 작성한 프라이버시 방침을 조사대상자에게 제시한 다음에 데이터 제공 계약을 맺을 필요가 있다.

조사 실시에 중요한 점을 집약해보면 ① 조사구조에 대응한 조사기기와 조사방법(온라인/오프라인, 데이터 취득 간격) 선정, ② 부대조사 실시에 의한 데이터 보완, ③ 프라이버시 방침에 근거한 응답자와의 계약, ④ 데이터분석을 고려한 프로브 데이터베이스의 최적설계가 된다. 정책 과제에 맞게 적절한 프로브조사 구조를 설정하는 것이 조사 실시에 앞서 요구된다고 할 수 있다.

4.2.2 데이터베이스와 데이터 처리

1) 분석을 위한 데이터 정비

프로브조사에서는 이동체의 궤적 데이터를 정확하고 효율적으로 수집하는 것이 가능한 반면, 막대한 양의 데이터를 취급하는 것은 어렵다. 따라서 조사데이터를 개별적으로 취급할 것이 아니라 관련성 있는 데이터를 분류 · 정리하여 사용하기 편한 형태로 저장한 데이터베이스 시스템을 구축해야 한다.

프로브조사에 의해 수집된 위치 데이터는 분석단위가 되는 링크와 트립으로 재설계되어야 한다. 또한 프로브 데이터를 가시화하여 정체 손실이나 트립 특성을 파악할 필요가 있고, 이러한 데이터 처리를 일관적이고 효율적으로 하기 위한 데이터베이스 시스템이 필요하다.

데이터베이스 시스템을 구축하기에 앞서 교통계획에 이용할 수 있는 지도데이터 등의 기본 데이터를 정비할 필요가 있다. 주요 지도로서 자동차 내비게이션용 지도, 수치지도 1/2,500, 디지털 도로 지도(DRM) 데이터 등이 있다. 이러한 데이터는 도로 데이터가 위치좌표에 의해 관리되고 있는데, 좌표계에는 세계측지계나 일본측지계 같은 여러 측위계가 있다.

위치 데이터를 계측했을 때 좌표계와 지도데이터의 좌표계를 통일시켜 접속좌표로 변환할 필요가 있다.

교통데이터 중에서도 도로데이터의 경우, 위치데이터에 주행도로의 플러그 데이터 정확도를 높이기 위해서는 일방통행이나 좌회전 금지 같은 교통법규 데이터도 필요하다. 버스 프로브처럼 주행 노선이 정해져 있는 경우 노선이나 시간표, 정류장 위치 등의 데이터를 정비함으로써 정확도 높은 분석을 할 수 있게 된다.

2) 데이터베이스구조

프로브 비히클조사나 프로브 퍼슨조사에 의해 수집된 데이터는 어떤 구조를 갖게 할 것인지 정의하지 않으면 데이터베이스로 저장할 수 없다. 데이터구조가 중요한 이유는 프로브조사에 의해 얻어진 데이터의 양이 방대하기 때문이다. 프로브조사를 실시하는 것은 가능하지만 얻어진 데이터를 효율적으로 분석하는 것은 어렵다. 대부분은 데이터구조에 대한 정의가 일관적으로 이루어지지 않아 데이터의 정규화나 사전분석처리에 시간이 많이 걸린다. 예를 들면 어떤 차량의 위치좌표(x, y)에서 가장 가까운 링크를 구하려 할 때, 지도데이터상 모든 링크까지의 거리를 계산하는 것은 매우 비효율적이다. 따라서 분석처리에 맞는 데이터구조와 저장방법을 선택할 필요가 있다.

분석자가 프로브 데이터를 검색하는 경우를 생각해보자. 보통 프로브 데이터는 (x, y, t)라는 시공간 인덱스를 가지고 있다(그림 4.3). 시공간 인덱스를 이용하면 검색처리를 고속화할 수 있고, 이를 위해서는 (x, y, t)로 정의할 수 있는 프로브 데이터의 검색영역을 '노드'로 미리 구획해 둘 필요가 있다. '노드'의 분할에 있어서 도로 세그먼트(x, y) 좌표의 최소 간격 단위 구간을 중시하고, 도로선형 등도 고려한 다음 수백 미터 단위로 구획해 두는 것이 바람직하다. 또한 축적된 데이터 밀도와 관련하여 시간축 방향에도 세그먼트를 자르는 것이 중요하다. 또한 '노드'와 '노드' 간에는

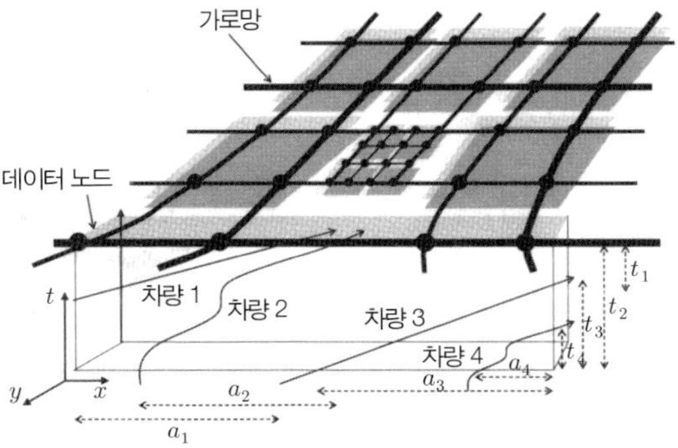

그림 4.3 **가로망과 데이터 노드**

트리구조로 정의해야 한다. 오브젝트에 대한 도로 접속조건 등의 공간제약을 고려하여 트리구조를 나타내면 효율적인 검색 · 분석처리가 가능하다5).

또한 분석 처리 속도를 일정하게 하기 위해서는 일정 시간 간격, 도로 세그먼트에 포함된 데이터수가 동일하도록 '노드' 분할이 필요하며, 그림 4.3에 나타낸 경우는 각 데이터 노드에 포함된 교차점수가 같게 되어 있다. 예를 들면 이 데이터 노드의 공간 평균 속도는 다음과 같다.

$$v = \frac{1}{n}\sum_{k=1}^{n}\frac{a_k}{t_k}$$

데이터 노드별로 집계량을 저장해둠으로써 더 빠른 검색을 할 수 있고, 이러한 사전 데이터를 가공하면 검색 품질(처리시간)을 일정하게 유지할 수 있다. 지도데이터나 위치데이터의 데이터 구조를 적절하게 정의하여 데이터베이스에 저장하면 효율적인 처리가 가능해진다.

4.2.3 트립 데이터로 변환

데이터베이스 시스템에 저장된 프로브 데이터와 지도데이터를 이용하여 위치데이터를 트립 데이터로 변환할 필요가 있다. 교통계획에 프로브 데이터를 이용할 경우에 필요한 변환 처리로는 ① 트립(發着) 식별, ② 교통수단 식별, ③ 경로 식별이 일반적이다.

1) 트립 식별

프로브조사에서 운전자나 여행자가 트립의 출발 · 도착 이벤트를 기록하는 부대조사를 실시하지 않을 경우 수집된 위치좌표 데이터(x_t, y_t)를 사용하여 이동중인지 체재중인지를 식별할 필요가 있다. 트립의 발생과 도착을 식별함으로써 출발지와 도착지를 확정하고 OD표를 작성할 수 있다(그림 4.4).

프로브 데이터에서 이동 · 체재 식별방법의 기본적인 견해는 시간적으로 연속된 2개의 관측점 거리를 계산하고, 이 거리를 기초로 이동 · 체재를 판별하는 것이다[1]. 연속된 관측점의 위치좌표를 (x_t, y_t), (x_{t+1}, y_{t+1})로 정의한다. 두 점 사이의 거리 d는

$$d = \sqrt{(x_{t+1} - x_t)^2 + (y_{t+1} - y_t)^2} \tag{4.1}$$

로 나타낼 수 있다. 이 거리 d가 미리 주어진 임계치 D보다 작을 경우 시각 $t \sim t+1$ 사이에 이동은 없는 것으로 판정한다.

식별은 시각 순으로 한다. 시각 t점까지의 식별이 끝나고 나서 시각점과 시각 t점의 거리 d에 의해 결정된다. 임계치 D는 조정 매개변수이며, 식별하려는 최소 트립 거리와 위치 정확도 오차를 바탕으로 결정한다. 부대조사를 실시하여 위치데이터(x_t, y_t)에 이벤트 플러그를 부여하면 좀 더 정확도 높은 출발시각과 도착시각을 구할 수 있다.

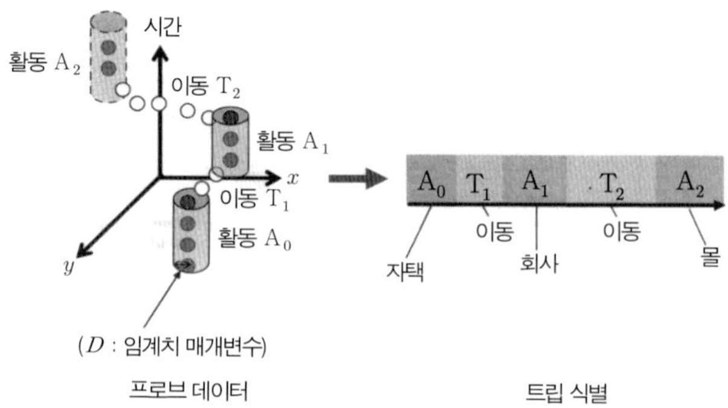

그림 4.4 트립 식별

2) 교통기관 식별

공공 교통기관, 자동차, 도보 등의 교통기관 식별을 위치데이터만으로 하는 것은 어렵다. 따라서 위치좌표 데이터 외의 정보를 사용하여 판정하는 것이 기본이 된다. PHS를 이용한 위치측정에서는 기지국 정보(예를 들면 A선 B역 홈 같은 라벨 정보)를 얻을 수 있으며 이러한 정보를 바탕으로 교통기관을 식별할 수 있다[1]. 또한 가속도 센서를 탑재한 전용 위치특정 단말을 이용하면 교통기관에 고유진동 주파수 특성을 판정하여 교통기관을 식별할 수 있다[6]. 버스나 철도처럼 시각표 및 노선이 확실한 경우에는 이러한 데이터를 미리 정비하여 주행 모드를 분석하면 기관과 경로의 식별을 동시에 할 수 있다[7].

도시가로상의 보행궤적은 복잡한 패턴이므로 자동차나 공공교통기관에 비해 트립 길이가 짧다. 이런 특성을 가진 보행 트립의 식별은 쉽지 않다. 보행 트립의 스케일보다 관측 주기를 짧게 하거나 위치 측정의 정확도를 높이지 않으면 보행 트립 자체를 보충할 수 없기 때문이다.

위치 정확도를 향상시키기 위해서는 IC 태그나 Bluetooth를 이용하는 것이 바람직하다. 그러나 이런 기기를 사용하는 것만으로는 자동차→보행→자동차, 공공교통→보행→공공교통 같은 교통결절점을 포함한 환승이나 도심회유를 일체로 관측하기는 어렵다. 다수의 조사기기와 웹 다이어리 같은 조사도구를 이용하는 것이 요구된다(그림 4.2).

3) 경로 식별

경로 식별은 프로브 데이터의 위치 정확도가 나쁘거나 취득 간격이 길 경우에 중요하다. 이런 경우에는 대상으로 하는 이동 오브젝트가 이용한 교통 네트워크상의 경로를 한눈에 식별할 수 없기 때문이다.

기본적인 경로 식별방법은 관측된 프로브 데이터에서 가장 가까운 거리를 취하는 링크상에 관측점을 순차적으로 흡착시켜 나가는 방법이다. 이러한 방법은 자동차 내비게이션 시스템의 맵 매칭 알고리즘을 이용한 순차 처리와 동일하다. 데이터 취득 간격이 길거나 위치 정확도가 나쁜 경우에는 잘못되거나 링크 세그먼트에 흡착시킬 가능성이 높다. 이로 인해 최종적으로 추출된 경로가 트립 전체로 인식되면 불연속적인 경우가 된다[8].

따라서 트립 중에 관측으로 얻은 모든 이동점 정보를 참고로 서브 네트워크를 추출하고, 이를 이용한 경로 식별 방법이 제안되고 있다[8,9]. 추출된 서브 네트워크의 링크 정보를 이용해 경로탐색하고(그림 4.5) 주행경로를 확정한다. 서브 네트워크를 추출하려면 이동점의 위치좌표로부터의 거리를 이용한다. 이때 프로브기기의 오차 정확도의 신뢰 구간을 참고로 모든 거리 내에 있는 링크를 이동점이 되는 서브 네트워크로 정의한다. 추출된 서브 네트워크에서 출발지로부터 도착지까지의 최단 경로를 탐색하고, 추출된 경로에 모든 이동점을 흡착시킨다.

경로 식별에 대해서는 고속도로와 일반도로의 식별 등 해결해야 할 알고리즘상의 과제도 많다. 규제 데이터나 도로선형 데이터를 이용하는 방법, 최단 경로 탐색시 링크거리를 이용하지 않고 이동점과의 거리를 링크 우도(尤度)로 이용하는 방법[8], 서브 네트워크를 추출할 때 다음 관측점까지의 이동거리에 제약조건을 주어 제한하는 방법[10] 등도 제안되고 있다.

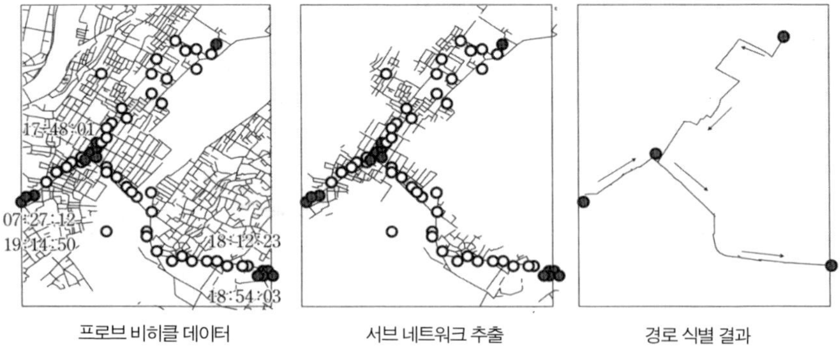

그림 4.5 **경로 식별 프로세스**

4.3 교통정책 과제와 GIS 관련성

교통 네트워크상에서 사람이나 자동차의 이동현상을 계측하는 방법은 관점의 차이에 따라 두 가지로 대별된다. 오일러(Euler, Leonhard)방식으로 정점에서 관측하는 방법과, 사람이나 차에 관측기를 부착하여 관측하는 라그랑주(Lagrange, Joseph Louis)방식이다. 노측(路側) 감지기를 사용한 교통흐름 계측이나 인력에 의한 노측 교통량 관측은 전자에 해당한다. 이동하는 응답자에게 1일간의 움직임을 물어보는 회상식 앙케트조사나 GPS 기기 등을 이용한 프로브조사는 후자에 해당한다고 볼 수 있다.

기존의 오일러방식 조사방법에 비해 프로브적 관측방법이 중요한 것은 경로 데이터가 필요한 경우이다. 4단계 추정법에서 교통량 배분방법의 경로는 중간변수로 다루고 있어 경로변수를 이용할 수 없었다. 이런 모델은 오일러방식인 데이터를 바탕으로 모든 양을 기초로 하기 때문이지만 현실적으로 네트워크상의 의사결정은 경로를 단위로 하여 이루어지고 있다. 이 같은 경로에 관한 의사결정을 다룬 마이크로 교통 시뮬레이션은 프로브조사에 의해 경로정보를 관측할 필요가 있다.

또한 물류거점 건설에 따른 대형 차량의 새로운 수송경로 출현이나 그에 따른 환경평가, 경로단위에서의 혼잡세 같은 정책 과제를 다루기 위해서는 오일러방법에 의해 관측한 단면 교통량뿐만 아니라 차종별 경로정보도 수집할 필요가 있다.

기존의 퍼슨 트립조사나 도로교통 센서스조사에 있어서 조사구조의 기본은 도시권 전체를 일정 크기를 가진 존(zone)으로 분할하여 다루는 것이었다. 조사방법이나 분석모델 모두 이 구조를 기본으로 하고 있다. 이에 반해 도시재생 프로젝트나 중심 시가지 활성화의 경우는 도시의 작은 공간에서 사회자본 투자 효과의 평가분석이 필요하여 좀 더 작은 존(zone)이나 시설 자체를 대상으로 하려는 경우가 많다. 이런 경우에는 일반 앙케트조사를 실시하더라도 문제가 생긴다. 즉 물건을 사기 위해 여기저기 돌아다닌 것을 기억하지 못하고 헤맨 경로까지 기입하지 않는 다는 것이다. 하지만 프로젝트를 통해 알려고 하는 것은 바로 사람들의 행동 관찰이다. 어느 중심 시가지에 사회자본을 집중 투자함으로써 도심의 회유패턴이 어떻게 변화하고, 둘러본 점포수가 몇 곳 늘었으며, 구매액은 얼마나 늘었는지, 그리고 지하도, 보도, 주차장 정비가 어떻게 관련되어 있는지를 분석할 필요가 있다. 이런 경우에 상세한 시공간분석 능력으로 사람의 행동을 관측할 수 있는 프로브 퍼슨조사가 유효하다[11].

앙케트조사와 프로브조사에서는 얻어지는 데이터의 정확도는 크게 다르다. 앙케트조사에서 얻어지는 출발시각이나 도착시각은 응답자의 회상에 의존하거나 결심에 의한 응답오차나 5~15분 단위로 밖에 응답을 얻을 수 없는 어림오차가 존재한다[1]. 출발시각 선택 모델에서 다루는 시책평가의 시간 스케일은 이런 오차와도 관련이 있으며, 측정오차 이상의 상세한 스케일로 정책 평가를 하는 것은 어렵다. 프로브조사에 의해 얻어진 정확한 시간분석 능력의 데이터는 출발시각 모델이나 시간대별 OD표 및 이들을 이용한 정책 평가의 정확도를 비약적으로 높일 수 있는 가능성을 가졌다고 할 수 있다.

정책 실시 효과를 확인하기 위해서는 계속적으로 모니터링할 필요가 있다. 날마다 변하는 교통상황에서 잠재수요가 현재화되기 위해서는 시간이 필요하기 때문이다. 앙케트나 인력에 의한 교통조사는 간편한 반면 계속적인 조사는 응답자에게 부담이 크다. 프로브조사는 1개월 이상의 장기간에 걸쳐 안정적이고 질 높은 데이터를 얻는 것이 가능하다[2].

계속된 모니터링을 전제로 한 데이터베이스를 설계할 수 있다면 이러한 데이터를 사용해 교통예측을 하는 것도 가능하다. 그림 4.6은 마쓰야마 도시권 정체 대책 간담회에서 수행했던 GPS 휴대전화에 의한 위치데이터와 교통시뮬레이션을 이용한 교통 예보 통신 사례이다[2]. 프로브조사를, 정체 개선 효과를 평가하기 위한 교통조사로만 다루지 않고 교통안전 시책 평가[12]나 소요시간 예보[13] 등의 다양한 공간정보 서비스를 위한 기반 데이터베이스 구축의 일부로 다룰 필요가 있다.

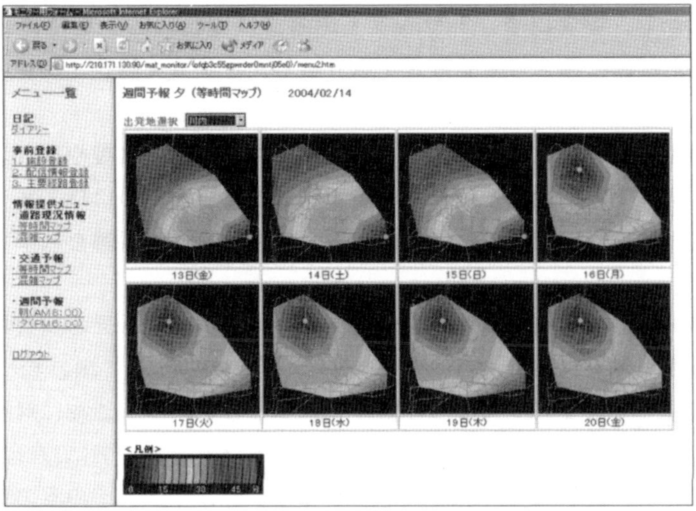

그림 4.6 **프로브 퍼슨 데이터를 이용한 교통 예보**[2)]

4.4 소결

이 장에서 소개한 프로브조사는 라그랑주방식의 계측방법을 중심으로 하고 있는데, 영상처리를 바탕으로 한 보행자 유동조사[14)]나 고도촬영 영상에 의한 교통관측[15)]과 관련하여 다양한 기술집적을 볼 수 있다. 그리고 다양한 측위 디바이스를 조합시킨 통합 GIS 플랫폼을 개발하려는 움직임[16)]도 있기에, 기존 기술동향을 유의 깊게 보고 적절한 조사방법을 조합시켜 사용하면 효과적인 프로브조사를 실시할 수 있을 것으로 생각된다.

현재 유럽이나 동남아시아 국가를 중심으로 대규모 프로브 시스템 프로젝트가 진행되고 있으며, 실제로 일본을 능가하는 규모의 프로브 비히클형 교통관제 시스템 도입도 볼 수 있다. 특히 발전도상국에서는 VICS(도로교통정보 시스템) 같은 막대한 인프라 시스템이 아닌 프로브 시스템의 투자 효과가 높을 것으로 예측되어 일본보다 한 걸음 빨리 시장이 발전될 가능성이 있다. 교통 데이터 수집과 이를 이용한 계획방법이 확립된 일본에서는 데이터를 GIS와 함께 융합적으로 사용하면서 더욱 고도의 교통정책평가를 수행함과 동시에 모델지구를 설정하는 등 선진적 기술과 새로운 계획방법에 대한 대응을 계속해 나갈 필요가 있다.

1960년대 말기의 퍼슨 트립조사나 도로교통 센서스 도입이 도시교통계획을 크게 변화시킨 것처럼 데이터의 질과 정확도의 향상은 교통현상 이해와 평가방법론을 크게 변화시킨다. 소매 분야에서는 POS(판매유통 시스템) 도입에 의해 데이터 마이닝형 앙케트 방법이 보급되는 등 계획방법을 변화시키고 있다. 프로브 시스템 보급에 의해 기존 교통 수요 모델을 평가 · 개량할 뿐만 아니라 오브젝트(object)에 기초한 마이크로 교통 시뮬레이션, 액티비티 시뮬레이션 같은 새로운 모델 개발을 기대할 수 있다[17)].

IT 분야에서는 CPU시대에서 스토리지시대로 변할 것이라는 전망이 나오고 있다[18)]. 네트워크화와 유비쿼터스화에 의해 기계적으로 생성된 정보가 산처럼 쌓이는 시대가 눈앞에 있다는 것이다. 일본에서 1998년경부터 실시된 프로브조사도 이런 기술의 진전을 배경으로 한 것이라 할 수 있다. 무엇을 목적으로 하고 어떻게 계획을 세워 조사를 실시할 것인지 미리 정하는 것이 조사의 기본이지만, 한편으로는 자동적으로 스토리지에 기록되는 단편적인 데이터를 어떻게 연결시켜 유효하게 활용해나갈 것인지도 앞으로는 중요할 것으로 생각된다. GIS를 기초로 한 데이터 지향적인 교통계획방법론의 필요성이 크다.

인용문헌

1) 羽藤英二・朝倉康夫 (2000)：時空間アクティビティデータ収集のための移動体通信システムの有効性に関する基礎的研究. 交通工学, **35**(4)：19-28.

2) 川崎洋輔・上林正幸・内海泰輔・羽藤英二 (2004)：オンラインプローブパーソン調査による松山都市圏における交通予報の実証研究. 平成 16 年度四国支部技術研究発表会講演集.

3) 森下康之ほか (2003)：歩行者ナビゲーション (HIT ナビ) システムの誘導成績評価. 第 23 回交通工学研究会論文報告集, 193-196.

4) 大森宣暁ほか（2003）：時空間制約下での交通行動理解のためのGISシステムの開発と授業への適用．GIS—理論と応用，**11**(1)：81-89.
5) 河野浩之・羽藤英二（2003）：交通計画のためのOLAP指向空間情報モデルの提案．ICS，知能と複雑系，**30**：183-188.
6) 山中英夫ほか（2003）：プローブバイシクルの開発と自転車走行環境の評価．第23回交通工学研究会論文報告集，157-160.
7) 井料隆雅ほか（2003）：位置情報を用いた利用経路および交通機関の推定の手法に関する考察．第27回土木計画学研究発表会（春大会），CD-ROM.
8) 石丸栄治（2001）：PHS位置データによるネットワーク上での経路旅行時間の特定方法．愛媛大学大学院修士論文.
9) 朝倉康夫・羽藤英二・大藤武彦・田名部淳（2000）：PHSによる位置情報を用いた交通行動調査手法．土木学会論文集，**653**(IV-48)：95-104.
10) 三輪富生ほか（2003）：プローブカーデータを用いた経路特定手法と旅行時間推定に関する研究．第2回ITSシンポジウムProceedings，277-282.
11) 羽藤英二・森三千浩（2003）：移動体通信によるドットデータを用いた交通行動文脈の解析手法．第23回交通工学研究会論文報告集，133-136.
12) 端地淳平・山本俊之（2003）：プローブカーデータに基づく交通安全施策効果の検証．第23回交通工学研究会論文報告集，149-152.
13) 羽藤英二ほか（2002）：移動体通信による位置データをベースとしたOLAP指向空間情報モデル．第22回交通工学研究会論文報告集，109-112.
14) 日比野直彦（2003）：RFIDタグおよびビデオ映像を用いた歩行者流動データ取得方法の提案．プローブパーソンデータ研究会in松山，配布資料.
15) 布施孝志ほか（2003）：車両動態の動画画像解析による実座標化の枠組みの構築．第23回交通工学研究会論文報告集，125-128.
16) 柴崎亮介（2003）：ダイナミックな空間データとプローブパーソンデータの可能性．プローブパーソンデータ研究会in松山，配布資料.
17) 羽藤英二（2002）：ゾーンからドットへ ポストモダン交通工学．交通工学，**37**(5)：6-13.
18) Enterprise Watch ホームページ．
http://enterprise.watch.impress.co.jp/cda/topic/2003/11/11/509.html

5 GIS에 의한 시가지 정보 관리

5.1 시가지 정보와 GIS

이 장에서는 시가지에 관한 정보를 GIS에 따라 정비하고 유지관리 · 갱신하는 것에 대해 알아보기로 한다.

'시가지'라는 단어는 입장이나 시점, 상황에 따라 여러 가지 의미로 사용되고 있다. 가장 좁은 의미로는 역 주변이나 도심지역으로 제한하여 CBD(central business district : 중심상업 · 업무지역)만을 가리키는 경우이다. 주택지, 공업지 등을 CBD에 추가한 범위나 도시계획으로 정하는 시가화구역, 나아가서는 도시계획구역이나 기초 지자체 중 특별구와 시의 영역을 가리키는 경우도 있다.

여기서는 시가지를 시가화구역 또는 그에 상당하는 지역을 가리키는 것으로 한다. 일본에서 인구의 대부분이 거주하고 다양한 활동을 하는 영역이다. 그 상황을 말해주는 정보, 특히 지형 · 지물의 위치, 형상을 나타내는 정보와 그 속성에 관한 정보를 '시가지 정보'라 부르기로 한다.

시가지 정보를 정비하기 위해서는 구체적인 목적에 맞는 검토를 하는 것이 중요하다. 지금까지의 지리정보 · 공간정보 정비는 주요 목적에 '범용적으로 이용할 수 있는 것'을 드는 경우가 많아 지형 · 지물의 위치, 형상을 얻는 것에 역점을 두었다. 그러나 '어디에나 사용할 수 있는 것'은 '어디에 사용해도 어중간한 것'이 되기 쉽다. 정보를 실제로 이용할 때에는 각각의 목적에 맞게 정보를 부가할 필요가 있기 때문이다.

시가지에서는 사람이나 물건이 집중적으로 활발하게 활동하기 위해 막대한 지형 · 지물을 다루어야 한다. '위치를 바탕으로 정보를 중첩(overlay)시켜 다수의 정보를 통합할 수 있다.'는 GIS의 특성을 최대한 활용한다 해도 개개의 지형 · 지물을 특정짓는 일은 어렵다. 속성을 추가하는 작업, 다른 공간정보를 통합하여 관리하는 작업에는 막대한 인력과 비용을 요하는 경우가 많다.

시가지의 상황을 정확하게 파악하는 것은 쉬운 일이 아니다. 대상이 많을 뿐만 아니라 복잡하기 때문이다. 도로나 하천, 공원 같은 공적인 공간과 상업 · 업무빌딩이나 주택, 아파트 같은 사적인 성격을 가진 공간이 고밀도로 혼재하며, 공간의 이용형태와 소유관계 역시 복잡하다.

상황변화에 따른 정보의 갱신은 더욱 어렵다. 즉 일상적인 통근 · 통학이나 쇼핑과 더불어 물자의 수송 등이 활발하며, 항상 사람 · 물건이 이동하고 변화하고 있다. 중장기적으로는 출생 · 사망, 이사 등에 의한 인구의 변화와 신축 · 증개축 등에 의한 건물의 변화, 공공사업에 의한 도로 등 지형 · 지물의 변화가 있다.

이 장에서는 시가지의 상황을 파악하는 방법에 대해 논한다. 특히 사람 · 물건의 상황이나 활동을 나타내는 데 빼놓을 수 없는 건물에 대한 정보를 정비하는 것에 주목한다. 그리고 평상시와 재해시 어떻게 정보를 집약할 것인가에 대해서도 생각해보기로 한다. 5.2절에서는 최근의 시가지 정보 변천에 대해 개관하고, 5.3절에서는 정보의 정비와 관리에 관한 힌트, 5.4절에서는 구체적인 예, 특히 지진발생시의 상황을 파악하는 것에 대해 설명한다.

한편 이 장에서는 지금까지 필자가 경험해온 내용이나 현재 관련 분야의 상황에 대해 구체적으로 설명하고자 한다. 그리고 이 분야에서는 기술혁신이나 상황변화가 현저하다. 당면한 경향은 물론이고 큰 변화가 계속

될 것으로 예측되며, 또한 구체적인 목적에 맞는 설명은 알기 쉽고 흥미를 가질 수 있도록 하였다.

그리고 시가지 정보를 신규로 정비하는 경우나 기존의 것을 활용할 경우에 납득할 수 없는 여러 가지 사항이 생길 것이며 필자의 경험상 그 대부분은 역사적 경위나 과거의 사례 축적 등에 기초를 둔다. 이러한 점들을 이해하는 것이 상황변화에 대처하는데 도움이 될 것이다.

5.2 시가지 정보의 최근 동향

시가지 정보의 최근 상황을 살펴보면, 지리정보 또는 공간정보의 흐름은 다른 장에서도 상세하게 논하고 있다.

가장 큰 흐름이라면 ICT(Information and Communication Technology : 정보통신기술)의 급속한 발전으로 시가지 정보의 정비가 꾸준히 진행되어 왔다는 것이다. 또한 인터넷 등의 매체를 통한 정보 공유도 있었다. 그러나 그 활용에 대해서는 아직도 모색단계라고 할 수 있다. 다음은 2000년대에 들어서면서부터 2007년경까지의 주요 토픽을 시계열에 따라 설명한다.

1) 공간데이터 제공 사이트의 눈부신 발전

일본에서 인터넷상에 지도정보를 제공하는 사이트의 흐름은 1997년으로 거슬러 올라간다. 대표적인 서비스는 마피온(1997년 1월 개시), Mapfan. Web(1997년 7월 개시) 등이다.

2004년 3월 미국에서 눈에 띄는 서비스 변화가 있었다. Yahoo!와 Google에 의한 검색 결과와 지도정보의 연계 제공이다. 이어서 Google에 의해 2005년 2월 Google Maps가 표시된 지도정보 드래그에 의한 패닝 기능 제공을 시작했다. 이 기능은 사용자 인터페이스의 두드러진 개선으로 이어져 지도정보를 제공하는 사이트 보급으로 이어졌다고 평가되고 있다.

일본에서도 이러한 추세에 발맞춰 동일한 서비스를 제공하고 있다. 패닝 기능은 미국보다 약간 뒤져서 Infoseek와 Goo가 2005년 4월부터 제공하기 시작했다. 또한 지도정보와 연계한 검색 서비스 등에 대해서는 Livedoor가 2005년 8월, Yahoo!가 2005년 10월에 제공을 시작했다.

지금까지 Google은 늘 선두적 입장에서 서비스를 제공하고 있다. 앞의 예시 외에도 2005년 5월에 발표된 Google Earth는 2006년 1월에 정식으로 영어판이 공개되었고, 같은 해 9월에 일본어판이 제공되었다. 위치정보 검색뿐만 아니라 이용자가 정보를 등록할 수 있으며, 위성사진은 일본 내에서 최대 25cm/pixel의 해상도를 가지고 있어 이용이 확대되고 있다. 또한 2005년 7월부터는 젠린 데이터콤과 제휴하여 일본에서도 Google Maps로 정보를 제공하기 시작했다. 또한 2006년 9월부터 위성사진과의 연계기능을 강화했다.

지금까지의 경과에서 알 수 있듯이 모두 Google 뒤를 쫓아가고 있으며, 기술혁신이나 새로운 서비스 경쟁은 더욱 치열해지고 있다.

2) 대규모 재해시 공간데이터 · GIS의 활용

대규모 재해가 발생했을 때도 공간데이터와 GIS는 활용되고 있다. 1995년 한신 · 아와지 대지진이 발생했을 때 이미 재해 · 피해정보를 공유하려는 초기 움직임이 있었다. PC통신, 인터넷 등을 통해 안부와 피난소에 관한 정보제공 등이 이루어지고 있었던 것이다. 근래에는 2004년 12월 수마트라 섬 지진에 따른 해일과 관련된 것 등이 알려져 있다.

이후 여러 주체가 이른바 포털 사이트를 자발적으로 개설하게 되었는데, 지진이나 피해에 관한 정보에 점(point)을 표시하는 것이다. 2001년 이후 일본에서 건물에 구조적인 피해가 발생한 대규모 지진으로는 게이요 지진(2001년 3월), 산리쿠미나미 지진(2003년 5월), 미야기현 북부 연속

지진(2003년 7월), 니가타현 추에쓰 지진(2004년 10월), 후쿠오카현 세이호 지진(2005년 3월), 노토반도 지진(2007년 3월), 니가타현 추에쓰 지진(2007년 7월)이 있다. 이 지진에 관해 대부분 포탈 사이트가 개설되었다. 그 가운데 2004년 10월 니가타현 추에쓰 지진이 발생했을 때 '니가타현 추에쓰 지진 복구·부흥 GIS 프로젝트'는 하나의 전환점으로 기억해야 할 것이다. 재해대응이나 복구활동을 지원하기 위한 정보제공과 더불어 주민에게 필요한 정보제공을 목적으로 지형도와 항공사진을 통해 재해나 피해에 관한 정보를 집약했다. 정보정비는 피해지역 외에서 하고 그 정보의 활용은 피해지역에 적용했다는 점에서 종래와 큰 차이를 보였다. 이는 매스컴 등에도 크게 다루어져 이른바 Web-GIS를 지진에 적용한 성공 사례이다.

후쿠오카현 세이호 지진에서도 '후쿠오카현 세이호 지진 복구·부흥 GIS 프로젝트'로 같은 활동이 실시되었다. 향후 일본에서 대지진이 발생했을 때에는 유사한 활동이 실시될 것으로 기대된다.

3) GIS 관련 관청 연락회의 폐지 및 측위·지리정보시스템 등 추진회의 설치

지리정보시스템(GIS) 관계 관청 연락회의(이하, 연락회의)는 1995년 1월 17일에 발생한 한신·아와지 대지진을 계기로 설치되었다. 바로 1년 전 같은 달 같은 날에 미국의 노스리지 지진이 발생했을 때 FEMA(Federal Emergency Management Agency : 연방위기관리청)는 GIS를 이용하여 동별 건물의 피해상황을 관리하고 있었다. 그러나 한신·아와지 대지진에서는 이 같은 작업이 매우 어려웠다는 반성이 제기되었다.

연락회의는 2005년 9월 12일 관계 관청 합의에 의해 폐지되었다. 연락회의는 액션 플랜 등의 대응과 관련하여 지자체 등에 대한 보급을 꾸준히 진행함으로써 일정 역할을 다한 것으로 평가되고 있다.

대신에 측위·지리정보시스템 등 추진회의(이하, 추진회의)가 설치되었다. 측위 · 지리정보시스템 등에 대해 관계 행정기관 간의 긴밀한 연계 · 협력을 확보하고 종합적이며 효과적인 추진을 도모한 것이다.

연락회의 결정사항은 추진회의로 계승되었다. 연락회의가 정한 'GIS 액션 프로그램 2002-2005'의 팔로업 등을 포함하여 보다 광범위한 관련 분야가 포함된 종합적 추진체제가 정비되었다.

4) 지구 관측 위성 '다이치'의 운용 개시

최근 뉴스 등에서 Google이 제공하는 위성사진을 자주 보게 된다. 지도정보뿐만 아니라 위성사진, 항공사진 등이 공간데이터로 알기 쉽게 이용되고 있다.

지금까지 위성사진은 해외기업에서 제공하는 것이 압도적으로 많아 시간적 손실과 높은 비용 등의 문제가 있었다.

2006년 1월에 발사된 '다이치'는 일본위성이며, 일본 및 주변에 대해 특히 좋은 반응을 얻을 것으로 기대하고 있다. 전 지구에 관한 정확도 높은 환경관측이 목표이며, 그 예로 지도작성, 지역관측, 재해상황 파악, 자원탐사 등을 들 수 있다. 평상시의 정보제공뿐만 아니라 재해발생 후의 신속한 상황 파악에 힘을 발휘하게 될 것이다.

5) 휴대전화에 의한 위치정보 제공

au*는 2001년 7월에 'EZ 내비게이션'을 제공한다고 발표했다. 휴대전화업계에서는 최초로 휴대전화에 의한 위치 검색 서비스를 제공한 것이다. 이른바 보행자 내비게이션의 선두라고 할 수 있다.

이후 총무성은 사업용 전기통신설비 규칙을 2006년 1월에 개정, 2007년 4월부터 시행하여 통칭 '일본판 e911'이 제도화되었다. 휴대전화에서 긴급통보를 하면 통보자의 위치정보를 경찰 · 소방 · 해상보안 본부에 자동으로 통지하는 것을 의무화한 것이다.

---

* 역주. 일본의 이동통신업체인 KDDI au

긴급정보에 의한 정보제공에 대해 효율적으로 대응하기 위해 휴대전화 회사들은 2007년 4월부터 긴급통보위치 통지를 도입하였으며 지역을 점차 확대해나가고 있다. 휴대전화가 GPS를 탑재할 경우 위치는 위도 · 경도에 의해 표시되며, GPS가 탑재되지 않은 기종은 인근 수용 기지국의 위치가 대용된다.

6) 「지리공간정보활용추진기본법」

이 법률은 정책의 기본이념을 정하여 지리공간정보정책을 종합적이고 계획적으로 추진하는 것을 목적으로 한다. 특히 기반 지도정보의 정비 · 유통을 진행하는 데 역점을 두고 있으며, 국가 · 지방공공단체의 책무와 사업자의 업적이 명기되어 있다.

이에 호응하여 지리정보시스템학회가 2007년 1월에 '고도공간정보사회를 위한 향후 지리공간정보정책에 대한 제언'을 공표했다. 앞으로 기본적인 지도정보는 사회적 정보 인프라로서 무상 내지는 저렴한 가격으로 제공될 가능성이 높다.

이 장의 서두에서도 말했듯이 시가지 정보의 정비는 계속 진행되고 있으며 그 바탕이 갖추어지고 있다. 실제로 자동차 내비게이션 시스템의 보급은 감탄하지 않을 수 없다. 다른 분야에서도 어떤 계기에 의해 폭발적으로 활용이 촉진될 가능성이 매우 높다.

5.3 시가지 정보의 정비와 관리

지자체가 주체가 되어 시가지 정보를 정비하는 경우에 대해 한 가지 견해를 제시하기로 한다. 다른 주체, 민간기업이나 주민이 직접 이용하는 정보를 정비하는 경우에도 기본적으로는 적용이 가능하겠지만 하지만 앞 절에서 개관했던 것처럼 시가지 정보를 둘러싼 상황은 크게 변하고 있고,

유감스럽지만 아직 충분히 성숙된 것은 아니라는 것을 말해둔다.

5.3.1 지자체 평가

필자가 실시한 지자체의 실태조사를 통해 다음과 같은 것을 알 수 있었다.

- GIS가 보급되었지만 아직 보급률이 높다고 할 수 없는 수준에 그쳐 있다는 점
- 정령지정시(政令指定市)* 등 규모가 큰 지자체에 대한 보급은 진행되고 있지만, 인구규모가 중 · 소규모인 지자체에는 보급이 더디다는 점
- 단순작업이나 정형적인 업무에 대한 이용이 진행되고 있다는 점
- 데이터 정비 · 갱신 또는 계획 정책 지원 등 비교적 고도의 정보처리가 요구되는 업무활용에는 과제가 남아 있다는 점

또한 각각의 업무에 특화된 전용 소프트웨어를 개발하지 않아도 시판되고 있는 범용적인 GIS용 소프트웨어가 충분한 기능을 갖게 되었다.

지자체의 데이터는 업무중 정비 · 유지관리 · 갱신이 이루어지고 있어 늘 현 상황과 밀접할 것으로 기대된다. 따라서 일본의 시가지 상황을 파악하는 데 있어서 매우 중요한 역할을 할 것이다.

5.3.2 정비, 유지 · 관리에 대한 제약

지자체의 시가지 정보를 정비, 유지 · 관리하는 데 있어서 고려해야 할 조건에 대해 간단히 정리해보기로 한다. 여기서는 예산, 정비내용, 데이터 활용에 대한 제약을 알아보자.

예산면에서는 필요한 품질을 확보하면서 재정적 · 인적 비용과 균형을 이루어야 한다. 오늘날 사회 · 경제상황을 보면 비용을 최대한 억제하려는 기본방침에는 변함이 없을 것이다. 중복투자를 피한다는 관점에서 유사한

---

* 역주. 일본 지방자치법 제12장 제1절 제252조의19 제1항의 규정에 의하여 정령으로 지정된 시

데이터 항목끼리 공용하는 추세이다.

정비내용에 대해서는 데이터의 요건을 법률 등으로 규정하고 있는 경우가 있다. 예를 들면 도시계획에 있어서 계획도의 요건은 '자신의 토지가 지도상에 표시된 구역에 포함되어 있는지 여부를 토지소유자가 쉽게 판단할 수 있을 것'이다. 계획도가 정비될 때 축척의 정확도가 일정수치를 클리어할 것인지의 여부가 아닌 이 조건이 채워지는지의 여부를 판단할 필요가 있다. 도시적 토지이용이 고밀도로 진행되는 지역과 그렇지 않은 곳에서는 자연히 다른 검토가 이루어져야 한다.

데이터활용에는 원래 데이터에 관한 것, 정비된 데이터에 관한 것의 두 가지를 들 수 있다. 이들 모두 법률 등에 의해 명시적으로 규정되어 있는 것과 운용상의 습관 등 암묵적인 이해사항으로 되어 있는 것이 있다.

지금까지 이러한 제약조건에 대해 내용까지 구체적으로 파고들어 검토한 사례는 별로 알려져 있지 않다. 각각의 요구에 따라 행해진 검토내용을 널리 공유하기 위한 조직적 · 사회적 구조가 없는 것이 큰 문제이다. 이와 관련한 구체적인 방법론을 포함하여 앞으로의 검토를 기대한다.

5.3.3 정비의 견해

최근 지형 · 지물의 종류에 따라 정비한다는 접근법이 적극적으로 도입되고 있다. 「지리공간정보활용추진기본법」에 나타나 있는 기본 지도정보는 널리 공통적으로 이용될 가능성이 높은 지형 · 지물에 대해 정비를 추진하려는 시도이다.

이와 같은 접근법은 종이지도를 작성하는 데도 지형 · 지물별로 작업해서 판을 나누는 등의 형태로 이루어진다*. 그러나 GIS활용에 의해 다른 데이터에서 필요로 하는 지형 · 지물 항목 데이터를 구하고, 이를 조합시켜 이용하는 것이 쉬워졌다.

* 역주. 종이인쇄를 제작할 때 물, 건물, 식생 등 지물의 종류별로 동일한 종이 위에 다른 색상의 페인트를 사용하여 색분해 과정을 거치는 것

시가지 정보를 정비하는 데 필요한 지형 · 지물 항목은 몇 가지 관점으로 분류할 수 있다. 그 주된 내용을 그림 5.1에 나타냈다. 데이터의 정확도에 대한 영향은 기초데이터의 정확도뿐만 아니라 이후의 가공이나 정의의 대체에 따른 정확도 하락의 영향도 무시할 수 없다. 체계적인 정리로 목적을 충분히 달성하도록 고려할 필요가 있다.

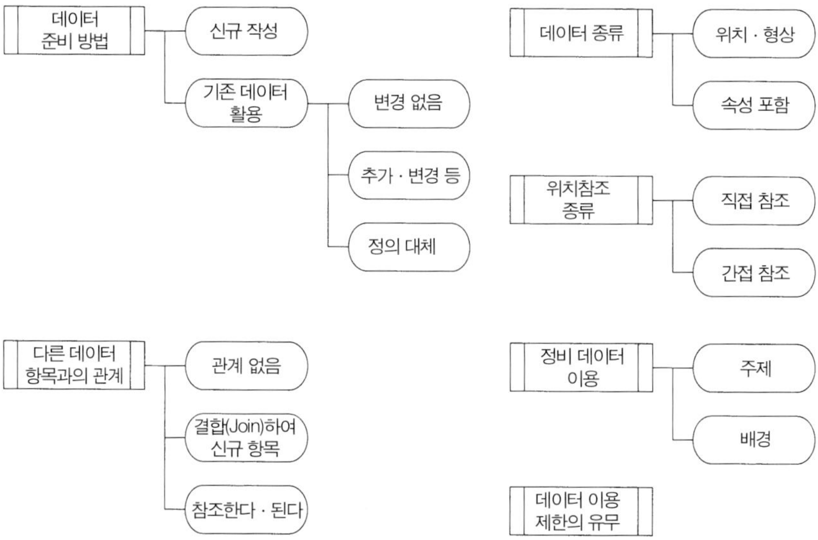

그림 5.1 **데이터 항목을 정비하기 위한 관점 · 분류의 예**

5.3.4 유의해야 할 점

시가지에 관한 정보를 정비할 때 문제되는 사항이 많다. 자주 발생하는 문제에 대해 건물을 예로 들어 구체적으로 알아보겠다.

1) 정보의 정의

취급목적에 따라 데이터의 정의가 다르기 때문에 데이터처리의 정합성, 일관성을 보장하기는 어렵다.

예를 들면 건물용도의 분류는 건축·도시계획 분야와 부동산 분야에서 다르다는 것은 이미 알려져 있다. 가장 기본적인 사항인 동수를 세는 방법조차 정합성이 없다. 구체적인 예로 동경구의 2001년 동수에 대해 살펴보면, 부동산세 업무에 기초하여 목조가옥과 비목조가옥의 총수를 합계하면 약 287만 동이다. 디지털 맵핑 데이터에 기초한 건물수는 약 166만 동이다.

일반적으로 부동산세 업무에서는 과세대상이 되지 않는 건물의 동수가 포함되지 않다 실제 동수보다 작은 수치로 나타난다고 볼 수 있다. 그러나 이 사례는 상식에 어긋나 있다.

만일 대규모 재해가 발생했을 때를 생각해보자. 전자는 지자체 등에 의한 공식 피해 동수 등을 바탕으로 한 데이터이다. 후자는 현지에서 상황을 직접 파악한 경우의 동수를 반영한다. 따라서 둘 사이의 차이가 클 경우 사회적으로 미치는 영향은 더욱 클 수밖에 없다.

지식공학, 온톨로지공학*적인 견지에 의한 개념정리, 기존 데이터의 분류 등 기본적인 부분부터 해야 할 필요가 있다.

2) 데이터의 양

ICT와 관련된 키워드로 '정보폭발', '정보홍수', '정보대항해시대' 등 정보량이 막대해졌다는 것을 지적하는 경우가 많다. 하지만 정보가 늘어난 것이 아니라 종래부터 있었던 것임에도 불구하고 다루지 않았던 정보를 명시적으로 다룰 수 있게 된 것이다. 특히 통신기술발달은 정보의 공유·복제를 촉진하고, 그 결과 같은 정보가 가속도적으로 증식하는 경우가 많다. 이렇듯 대량의 정보에서 취사선택하여 적절한 판단을 내리는 것은 어려운 일이다. 흔히 'Wohlstetter의 덫'이라고 말한다.

---

* 역주. 온톨로지는 데이터 모델로서 개념과 개념 사이의 관계를 기술하는 정형(formal) 어휘의 집합임. 예를 들어 "종-속-과-목-강-문-계"로 분류되는 생물과 생물 사이의 종의 관계를 정형 어휘로 기술하는 것임
온톨로지 공학은 온톨로지 개발과정, 즉 다루고자 하는 도메인에서 사용되는 용어들을 정의하고, 그들 사이의 관계를 규정하여 그 과정을 구현하는 것을 의미함

데이터의 정비, 유지 · 관리, 갱신의 모든 면에서 인적, 비용 등에 대한 부담을 최대한 억제할 필요가 있다. 하지만 다음에 설명할 데이터의 다양성에 관한 문제도 있기 때문에 신중한 대응이 요구된다.

3) 데이터 갱신과 보관

일반적으로 데이터는 정비된 시점부터 바로 과거의 것이 되기 시작한다. 기본이 되는 데이터가 작성된 시점부터 시간의 경과에 따라 현 상황에서 괴리되는 것이다. 따라서 신규 데이터를 정비한 후에는 일상적인 업무를 통해 수시로 갱신하는 것이 바람직하다. 또한 정기적으로 전역을 자세히 조사하여 누락된 것이 있는지 체크하는 것도 필요하다.

그렇다고 반드시 최신 데이터만 관리하면 된다는 것은 아니다. 과거로 거슬러 올라가 상황을 조사해야 하는 경우도 있다. 즉 건물에 대한 규제는 건축 시점의 규제가 적용되어 준공 후 규제가 변경되어도 소급하여 적용되지 않는다. 이런 경우 당시의 상황을 확인하는 것이 필요하다.

데이터보관과 데이터량의 문제는 여기서도 큰 영향을 미치고 있다. 또한 데이터의 형식도 문제이다. 기술발전에 따른 데이터를 보관하는 미디어, 기록방법 등은 비교적 빠르게 변화하고 있다.

종이기록 등을 기초로 평성경(平城京, 현재 일본 나라), 평안경(平安京, 현재 일본 교토)을 VR(Virtual Reality : 가상현실)기술에 의해 복원시켜서 보는 경우가 많지만 이 상태로는 정보가 산만하여 분석하기 어려운 경우가 있다. 이와 같이 1000년 후에 현재의 도시 상황을 전하는 것은 매우 어려운 일이다.

4) 다양성에 대한 대응

시가지에 관한 정보는 그 정보를 제공하는 입장에 따라 다르다. 같은 상황에 대해서도 사람에 따라 보는 견해가 다르기 때문에 전혀 다른 내용이 되는 경우가 있고, 판단기준이 반드시 일정한 것은 아니기 때문이다.

예를 들어 대규모 상업시설의 경우, 인접 토지에 사는 사람들은 '시끄럽다', '주거환경을 악화시킨다' 같은 나쁜 평가를 할 수도 있지만 다른 사람은 '편리하다', '활기가 있다' 같은 좋은 평가를 하기도 한다. 따라서 정보제공자가 가진 관점을 충분히 고려할 필요가 있다.

정보의 질, 잡음에 대해 고려해야 한다는 지적은 지금까지 계속되어 왔지만 다양성, 다면성에 따라 정보제공자들이 각각 자신들의 입장에서 완전히 맞는 정보를 제공하고 있음에도 불구하고 모순된 결과를 초래하는 경우가 있다는 것에 대한 검토가 불충분하다.

이는 도시조성이나 도시계획에서 합의형성을 저해하는 요인 중 하나로 인식되고 있고, 시가지에 관한 정보라는 관점에서 보면 관련 주체가 많아 상세한 대응을 하기가 어렵다.

5) 질의 평가

데이터 정비에 있어서 비용을 삭감하는 것은 중요한 검토항목 중 하나이다. 하지만 정비목적에 필요한 품질을 확보하는 것이 가장 중요하다.

현재, 시가지 정보는 작업공정을 정하는 것에 따라 질이 보장되어 있다. 구체적인 순서가 정해져 있기 때문에 기술적인 면에서 최저 수준은 보장되어 있다고 봐도 좋다. 그러나 기술혁신의 혜택을 받기 어려우며, 또한 성과물이 필요한 수준을 갖추고 있는지 여부를 확인한다는 발상이 결여되고 있다. 특히 원래 데이터가 다른 지형 · 지물을 중첩(overlay)시켜 하나의 시가지 정보로 활용하는 경우 어떻게 평가하면 좋을지 등 새로운 상황에 신속히 대응하기가 어렵다.

성과물의 품질을 평가하거나 납품시 사양을 만족시키는지 여부를 검품하는 방법을 확립하는 것이 필요하다.

6) 제도상의 유의점

GIS와 관련하여 정부에 의한 지리정보제공 등에 관한 제도상의 유의사항이 제시되어 있다. 특히 지방공공단체에 대해서는 '지방공공단체가 보유한 지리정보제공은 기본적으로 그 단체의 판단에 맡긴다'라고 명기되어 있다.

따라서 각각의 주체가 놓인 상황에 따라 수정하는 것을 전제로 일반적인 유의사항을 정리하면 다음과 같다.

① 저작권

지도에 관해서는 도곽 안쪽이 저작물로서 확보 대상이 된다. 단, 범례 등은 대상이 아니다. 전자화된 지도데이터에 대해서도 이에 준한 방법이 적용된다고 볼 수 있다.

기존 데이터를 활용하는 경우 기본적으로 저작권은 소재의 선택이나 체계상의 구성, 특징 등에 대해 인정된다. 따라서 성과물의 사용에 관련된 상세한 절차가 미리 정해진 경우에는 저작권에 관련된 처리가 필요 없을 수도 있고, 개별 상황에 따라 판단해야 하며, 리스크를 피하기 위해서는 관련 주체와 미리 협의해두는 것도 필요하다.

② 개인정보 보호 및 정보 보안

개인정보 보호는 여러 항목에서 중시되고 있다. 이 분야에서 지방공공단체의 대응상황을 살펴보면, 현재 개인정보 보호 조례는 도도부현 · 시구정촌 모두 100%, 정보 보안 방침은 도도부현 전체와 96.2%의 시구정촌에서 제정되어 있다. 시가지 정보에 대해서는 특이한 점이 없기 때문에 이미 정해진 방침을 기초로 하는 것이 기본이다.

5.4 연구 사례

구체적인 사례로서 필자가 관여하고 있는 연구 프로젝트의 성과 두 가지를 소개한다.

5.4.1 지자체의 데이터 정비에 대해서

소규모 지자체의 경우 '도입, 유지 · 관리, 갱신의 각 과정에서 필요로 하는 비용을 최소한으로 억제한다는 것'이 특히 요구된다. 이 경우 데이터에 관한 비용에 대해서는 다음과 같은 점에 유의해야 할 필요가 있다.

단일업무에서 GIS를 도입하는 것은 어렵기 때문에 모든 관청에서 사용할 수 있는 접근법이 필요하다. 또 갱신에 관한 비용을 줄이기 위해 일상업무에 정보갱신을 편성하며, 각 과에서 공유할 수 있는 정보와 개별 업무에 특화한 정보를 구별한다.

이와 관련하여 DM(digital mapping에 의해 정비된 데이터) 항목 중 일부 데이터를 시범적 데이터로 정비했다(그림 5.2). 또한 항공사진으로 작성한 디지털 올 소프트를 배경으로 사용하는 것을 시도했다(그림 5.3).

그림 5.2 **후쿠오카현 구 야마다시 시청(현 가마시 시청 야마다 방사) 주위의 지형도**

그림 5.3 **후쿠오카현 구 야마다시 시청 주변(현 가마시)의 디지털 올 소프트**

이러한 데이터가 지자체의 업무에 어느 정도의 영향을 미치는지 검증한 결과 업무에 큰 지장은 없지만 익숙하지 않기 때문에 거부감을 느낀다는 결과를 얻었다.

5.4.2 대규모 재해발생시의 시가지 정보 취득

시가지에서 대규모 재해가 발생하여 도시계획 등에 의한 대비가 필요한 경우에는 상황을 정확히 파악하여 적절한 계획을 세우고 필요한 조치를 취한 다음에 시행해야 한다. 하지만 피해자의 일상적인 생활을 복구하는 데 방해되지 않도록 최대한 단기간에, 그리고 합의를 얻기 위한 합리성을 보장하는 것이 요구된다.

시가지의 상황파악은 가장 먼저 해야 할 일이다. 계획 입안 · 검토 및 합의형성에서 수립, 시행에 이르는 각 단계의 시간을 최소화하기 위해 높은 효율성이 요구된다. 일반 시가지 정보와 더불어 재해와 피해에 관한 정보를 수집 · 정비하고 관리 · 활용할 필요가 있다.

응급위험도 판정은 대지진으로 피해를 입은 건물을 조사하고, 여진 등에 의한 붕괴(도괴, 倒壞)위험 등을 판정하여 인명과 관련된 2차적 재해 방지를 목적으로 실시한다. 판정 결과는 건물이 잘 보이는 곳에 붙여서 나타내고 거주자뿐만 아니라 주변을 통행하는 보행자 등에게도 제공한다.

이러한 판정은 건축 전문가에 의해 실시된다. 피해 건축물에 대한 불안을 안고 있는 피해자의 정신적 안정과도 연관이 있다.

2004년 니가타현 추에쓰 지진 이후 실시된 응급위험도 판정 결과 '위험' 판정을 받은 건물 비율의 지리적 분포를 그림 5.4에 나타냈다.

필자는 1995년 효고현 남부 지진 때도 같은 작업을 경험했다. 소프트웨어기술이 향상되어 대량의 데이터를 쉽게 다룰 수 있었고, 지형 데이터 정비가 진행되는 등 향상된 면은 있었지만, 그래도 가장 힘들었던 부분은 본질적으로 같은 작업을 하고 있다는 것에 통감했다. 즉 종이에 기록된 정보를 GIS상에 입력해야 하는 작업이다.

노하우 면에서의 진전은 있지만 인적, 비용면에서 부담이 큰 부분에 대해서는 하루 빨리 개선이 요구된다.

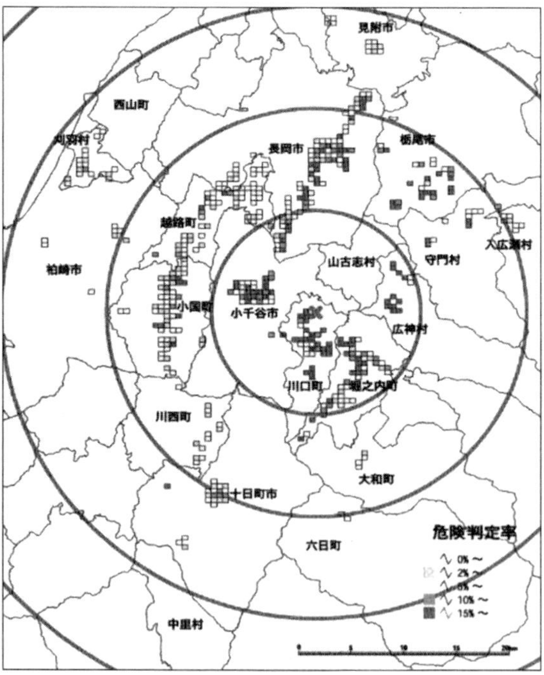

그림 5.4 **위험 판정률 분포**

5.5 소결

이 장에서는 시가지 정보의 정비와 활용에 관한 연구성과 일부를 소개했다.

이 분야에는 아직도 많은 과제가 남아 있는데, 현 단계에서는 시가지 정보를 정비하는 데 주력하는 사례가 많아 그 활용을 위한 연구 · 기술개발이 필요하다. 지금까지는 개별 상황에 맞는 검토가 최선이었고, 관련된 다른 분야의 성과, 예를 들면 지식공학, 지식 매니지먼트 등의 방법을 적극적 도입하여 더 많은 성과를 내기 위한 노력이 필요하다.

독자 여러분의 아이디어와 경험이 공유되어 지리정보과학 발전에 크게 기여하기를 기대해 본다.

6 토지이용과 GIS

6.1 토지이용 분야에서의 GIS

일본 국토는 산림면적이 약 66%를 차지하고 있으며, 인간이 거주하기에 적합한 평야 부분은 매우 좁고 택지면적은 약 5%로 매우 적다*[1]. 때문에 오래 전부터 집약적 토지이용이 중요시되었고, 적정한 토지이용에 대해 행정뿐만 아니라 여러 분야에서도 중요한 과제가 되어 왔다. 또한 전국의 도시 및 그 주변 지역에서는 시가지의 무질서한 확대와 중심 시가지의 활성화라는 두 가지 문제를 조속히 해결해야 할 문제로 보고 있다. 최근 도시조성3법*[2]의 개정, 컴팩트 시티*[3]나 컴팩트한 도시조성 실시, 교외지역으로 시가지 확산 방지 등과 같은 구체적인 형태로 토지이용을 기반으로 한 도시조성에 대한 재검토가 추진되고 있다. 나아가서는 인구감소화 시대, 고령화 시대의 도래에 대응하여 인간의 활동에 의한 환경부하가 큰 지역이나 자연재해가 발생하기 쉬운 지역에서는 시가지개발을 억

*1 역주. 2008년도 토지백서(국토교통성)에서 산출

*2 역주. 대규모 소매 점포 입지법(2000년 6월 시행), 개정 도시계획법(1998년 11월 시행), 중심시가지 활성화법(1998년 7월 시행)의 도시조성과 관련된 3개 법률을 가리키며, 도시계획법과 중심시가지 활성화법의 두 법은 2006년에 개정되었음

*3 역주. 도보로 이동할 수 있는 범위를 생활권으로 보고 건강하고 살기 좋은 도시조성을 목적으로 하는 견해임. 1974년 미국의 단찌그와 사티가 저서 〈Compact City〉(W. H. Freeman)에서 미국 교외의 무계획 · 무질서한 개발에 대해 경종을 울리기 위해 제창한 개념. 그리고 1990년 이후는 특히 EU 국가의 '지속가능한 도시개발 전략'으로 재검토되었음

제하기 위해 시가화되기 이전의 원래 토지이용을 복원해야 한다는 의견도 강하게 주장되고 있다.

이렇게 적정한 토지이용은 일본처럼 거주 가능 지역이 적은 나라에서는 매우 중요한 과제 중 하나이기 때문이고, 지금까지 여러 분야에서 다양한 연구가 이루어져 왔다. 그러나 GIS를 이용하지 않았던 기존의 토지이용연구에서는 다음 절에서 상세히 설명하겠지만 기술적인 측면뿐만 아니라 대상지역의 공간스케일의 범위가 한정되어 있다는 점과 여러 가지 데이터 항목 간의 연산이 어렵다는 점 등이 있었다.

따라서 이 장에서는 관련 분야의 연구 동향을 통해 토지이용연구에 있어서 GIS 이용의 의의를 제시한 후, 비와호(琵琶湖)지역과 일본의 3대 도시권 등 두 가지 토지이용연구 사례를 소개함으로써 GIS를 이용한 토지이용연구에서의 과제와 전망에 대해 설명하기로 한다. 또한 이 장에서 이용하는 GIS 애플리케이션 소프트웨어는 주로 ESRI의 제품인 ArcInfo, ArcView, ArcGIS임을 밝혀둔다.

6.2 토지이용 분야의 GIS 의의

6.2.1 GIS의 사회적 역할과 유용성

현대 사회에서는 다양한 정보시스템이 개발되어 우리 일상생활은 정보시스템의 발전에 의해 커다란 변화를 겪고 있다. 특히 정보시스템 중에서도 GIS는 연구 분야뿐만 아니라 행정이나 기업이 제공하는 서비스, 시민에 의한 사회활동 등 다양한 곳에서 이용되게 되었다. 그리고 GIS를 이용하게 됨으로써 일방적인 정보제공 뿐만 아니라 전자지도를 이용한 쌍방향 정보교류와 다양한 주체간의 정보 공유가 가능하게 되었다. GIS에는 크게 데이터베이스 작성 툴, 정보분석 툴, 정보제공·공유화 툴, 의사결정 지원 툴의 4가지 기능이 있고, 사회와 밀접한 관련을 가지며 사람과 사회를 이어줄 수 있는 정보시스템이라고 할 수 있다.

이처럼 GIS의 이용 가능성이 큰 배경은 전자지도형태로 다양한 종류의 정보데이터베이스를 구축하여 정보분석을 할 수 있고, 전자지도상에 다양한 정보를 제시하여 정보제공 · 공유화를 할 수 있다는 점이다. 이는 GIS의 가장 큰 특징이자 다른 정보시스템과 현저히 다른 점이라 할 수 있다. 또한 Web-GIS처럼 인터넷 등의 ICT와 결합하여 사회에 널리 정보를 제공하고 다양한 주체간에 정보공유화를 추진함으로써 공공선택 논의의 장에서 의사결정 지원을 할 수 있게 되었다. 따라서 GIS를 비롯한 여러 정보시스템이 사회에서 적극적으로 활용되면 지역조성, 환경조성을 위한 시민 참여를 촉진할 수 있다. 이러한 점을 통해 이 장에서 소개할 두 가지 토지이용연구 사례는 앞서 말한 4가지의 기능 중 특히 정보분석 툴로서의 GIS 이용에 대해 언급하고자 한다.

6.2.2 토지이용 분야의 GIS 이용 의의

지금까지의 토지이용연구 중 GIS를 이용하지 않은 연구 사례는 분석 가능한 지역의 범위가 지구단위나 시구정촌단위의 좁은 지역으로 제한된 경우가 많다. 그리고 GIS를 이용하지 않을 경우 다양한 종류의 데이터를 바탕으로 연구 목적에 맞는 새로운 전자지도데이터를 작성하여 각 데이터 항목간의 관련성을 분석하는 일이나, 다수의 전자지도간에 연산을 하는 것이 매우 어려웠다. 때문에 도시단위 이상의 지역을 대상으로 한 지구단위의 토지이용분석은 이루어지지 않았다. 그래서 최근에는 공간분석 툴로 유효한 GIS를 이용하여 주로 대도시권 중심부를 연구 대상지역으로 하고, 토지이용 · 공간이용을 분석한 연구 사례를 볼 수 있게 되었다. 그러나 이러한 선행연구는 토지이용계획의 공간스케일에 맞는 분석결과를 제시한 것이 아니었기 때문에 연구성과를 계획에 충분히 반영시킬 수 없었다.

또한 최근에는 동경, 효고현, 아이치현 같은 대도시권 내의 지방자치단체를 중심으로 조사보고서와 인터넷 홈페이지상에서 도도부현단위 또는 각 도시계획구역 단위의 큰 공간스케일로 토지이용현황이나 토지이용계획에 관한 정보제공을 할 수 있게 되었다. 또한 도도부현단위, 시정촌단위에서 통합형 GIS가 구축되어 인터넷을 이용해 일반인에게 토지이용을 비롯한 다양한 종류의 GIS 데이터 발신을 할 수 있게 되었다. 특히 오사카부 다카쓰키시(高槻市)[1)]나 도요나카시(豊中市)[2)]에서는 Web-GIS에 의해 토지이용과 도시계획, 도시조성 등에 관한 정보가 제공되고 있다. 그러나 이러한 지방자치단체의 사례에서도 GIS를 이용한 상세한 토지이용계획 검토는 아직까지 거의 이루어지지 않고 있다.

이 장, 특히 다음 절에서는 GIS의 공간분석기능 등을 이용하여 광역단위의 지역 전역에서 지구단위의 분석 · 평가를 하고 지구단위에서 큰 공간스케일로 그 결과를 집계해 나간다. 이를 통해 지도상에서는 크고 작은 다양한 공간스케일별로 분석 · 평가 결과를 파악할 수 있는 형태로 제시하거나 문제지역의 상세한 위치정보와 규모 · 분석상황을 대상지역 전역에서 종합적으로 파악할 수 있다. 또한 도표에서는 토지이용계획의 공간스케일에 맞게 분석 · 평가 결과를 제시할 수 있다. 이상과 같이 토지이용계획에 관한 정책 판단에 종래보다 더욱 유효한 정보제공을 할 수 있다는 점에서 토지이용연구에서 GIS 활용성은 높다.

6.3 비와호지역의 연구 사례

6.3.1 연구 시점과 목적

시가현(滋賀県) 비와호(琵琶湖) 집수역(集水域)*에서는 비와호 종합 개발계획(1972~1997년)과 긴키권(近畿圏)정비법(1963년)을 계기로 도시화가 시작되었다. 그에 따른 주택개발과 리조트법(1987년)을 바탕으로, 주로 호

* 역주. 소유역이 모여 형성되는 대유역

안지역을 대상으로 한 리조트 네크리스 구상*에 의해 비와호 집수역의 토지이용이 크게 변화되었다. 비와호 집수역의 토지이용변화에 있어서 가장 큰 특징은 남호안역(특히 동안역)에서 지난 30년 동안 시가지가 크게 확대되었다는 점과 비와호 집수역 남부의 산림지역에서 골프장이 크게 증가했다는 것이다. 이러한 상황에서 2000년부터는 마더 레이크 21 계획(비와호 종합보전정비계획)이 실시되어 비와호가 안고 있는 다원적 과제에 대해 적정한 토지이용을 기본으로 수질보전, 수원함양 및 자연적 환경·경관 보전을 위한 각종 시책을 장기적인 시야에서 종합적, 계획적으로 추진하기로 하였다.

이 절에서는 야마모토(2004, 2006a)[3,4]에 의해 정리된 같은 지역의 토지이용연구 성과를 바탕으로, 앞서 설명한 경위를 통해 비와호 집수역을 대상으로 한 토지이용을 분석한다. 그리고 그 분석결과를 바탕으로 마더

그림 6.1 **마더 레이크 21 계획의 7개 유역단위(행정구역은 2000년 시점의 것을 나타냄)**

* 역주. 일본 종합보양지역정비법(리조트법)에 의거하여 관광객들의 체재 촉진 및 지역활성화를 목적으로 1990년 제정. 시가현 오츠시(滋賀県 大津市) 및 류오정(竜王町) 등 9시 2정을 중점정비지구로 지정하고, 숙박시설 및 레저시설 등 247개 시설정비를 목표로 구상하였음. 그러나 정비율이 저조하여 2008년 계획을 수정하였음

레이크 21 계획에 대해 어떻게 정보제공을 할 수 있는지 알아본다. 이를 위해 우선 그림 6.1에 나타낸 마더 레이크 21 계획의 7개 유역단위로 비와호 집수역의 토지이용 특성을 소개한다. 또한 이 절에서 이용한 GIS 데이터는 모두 마더 레이크 21 계획에서 현 전체 단위로 정비한 시가현 GIS 데이터이며, 그 데이터들을 이 절의 연구에서 이용 가능한 형태로 가공했다.

6.3.2 토지이용으로 본 하천유역의 특성

그림 6.2는 비와호 집수역의 1965년과 1994년 토지이용을 나타낸 것인데, 그림에서 비와호 집수역의 토지이용에는 지역적 차이가 매우 크다는 것을 알 수 있다. 그리고 비와호 집수역에서 면적비율이 큰 시가지, 논, 산림을 변수로 하여 클러스터 분석을 하고, 토지이용 특성별로 각 하천유역을 그룹화했다. 개체간의 거리분석을 위해 유클리드거리를 이용하고, 클러스터간의 거리분석방법으로는 워드법을 적용하였다.

클러스터분석 결과 비와호 집수역의 134개 하천유역은 다음과 같은 8개 그룹으로 분류할 수 있었다.

1. 산림집중형 : 11개 하천유역
2. 산림 · 논혼재형 : 38개 하천유역
3. 시가지 · 논 · 산림혼재형 a (시가지, 논, 산림의 면적비율이 거의 같은 정도) : 10개 하천유역
4. 시가지 · 논 · 산림혼재형 b (산림의 면적비율이 압도적으로 많음) : 14개 하천유역
5. 시가지 · 논 · 산림혼재형 c (산림의 면적비율이 가장 많으며 30% 정도) : 3개 하천유역
6. 논집중형 : 24개 하천유역
7. 논 · 시가지혼재형 : 11개 하천유역
8. 시가지집중형 : 23개 하천유역

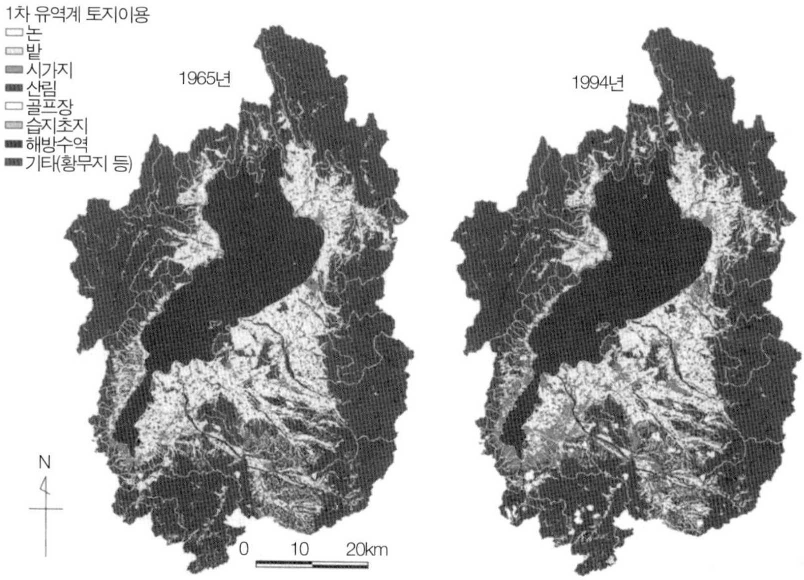

그림 6.2 **비와호 집수역의 토지이용(1965, 1994년)**

6.3.3 7개 유역단위로 본 토지이용변화

그림 6.3은 마더 레이크 21 계획의 7개 유역단위에서 도시계획구역 내외의 각종 토지이용 면적비율을 정리한 것이다. 이 절에서는 야마모토(2004, 2006a)[3,4]와 마찬가지로, 1965년에 존재한 시가지를 구시가지, 1965~1994년 사이에 새로 형성된 시가지를 신시가지로 부르기로 한다. 그림 6.3에서 도시계획구역 내에는 남부의 평야부에 위치하는 고카 · 쿠사쓰(甲賀 · 草津) 유역에서 시가지의 면적비율이 20% 이상이고, 주로 호안지역에 집중하며 그 중에서도 과거 30년간 형성된 신시가지가 반 이상을 차지하고 있음을 알 수 있다. 또한 오쓰시(大津市)를 포함하고 있는 시가 · 오쓰(志賀 · 大津) 유역과 시가라키 · 오쓰(信樂 · 大津) 유역은 산림이 60% 이상을 차지하며, 이들 외의 5개 유역에서는 농지가 30% 이상을 차지하고 있다. 교토나 한신 도시권의 중심부에 대한 액세스 조건이 좋지 않은 다카시마(高島) 유역에서는 시가지가 호안지역을 중심으로 형성되어

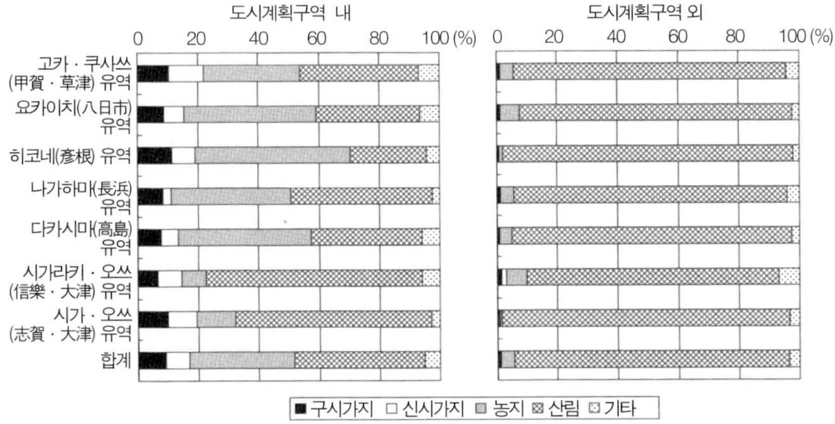

그림 6.3 7개 유역단위에서의 토지이용 면적비율

있는데, 나가하마(長浜) 유역 다음으로 적다는 것을 알 수 있다.

한편 도시계획구역 외에서는 전 유역에서 산림이 90% 이상을 차지하고 있으며 시가지의 면적비율은 총 면적 중 약 1%뿐이었다. 따라서 전체 유역에서 시가화에 따른 토지이용 문제가 지금까지도 생기지 않은 것이라 할 수 있다.

6.3.4 GIS에 의한 연구성과의 의의와 향후 연구 과제

이 절에서는 GIS를 이용하여 시가현의 비와호 집수역을 대상으로 토지이용을 분석하고 마더 레이크 21 계획에 대한 분석결과에 따라 어떻게 정보제공을 할 수 있는지 알아보았다. 이 절에서는 마더 레이크 21 계획의 계획구역에 대응한 형태로 분석결과를 나타내고, 문제지역의 분포를 비와호 집수역 전역에서 종합적으로 파악하는 것이 가능해졌다. 또한 앞에서 소개한 것처럼 통계분석 툴 등 다른 정보분석 툴과 병용하면 토지이용에 영향을 주는 지역적 요인에 대해 상세하게 분석할 수 있게 되기 때문에 토지이용연구에 있어서 그 유효성이 더욱 높아졌다고 볼 수 있다.

비와호 집수역의 중요한 연구 과제 중 하나로, 토지이용에 현저하게 나타나는 인간활동과 수질이나 생태계 같은 호내 현상과의 관련성에 대해 파악하는 것을 들 수 있다. 즉 비와호 집수역에서는 호내 현상만 볼 것이 아니라 토지이용 면에서 집수역의 인간활동에 의한 영향도 더욱 주의를 기울여야 할 것으로 생각된다. 또한 호소환경관리는 호내와 집수역이 일체가 된 대응이 필요하며, 이를 위해서는 종합적인 시점에서 호소환경을 다룰 필요가 있다. 이를 실현하기 위해서는 GIS를 이용한 데이터베이스 정비와 GIS 특유의 공간분석기능 중 특히 중첩(overlay) 기능, 네트워크 기능 등을 이용하는 것이 매우 유효하다.

6.4 일본의 3대 도시권에서의 연구 사례

6.4.1 연구 시점과 목적

아시아의 대도시들은 대부분 유럽의 도시지역과 비교했을 때 심한 고밀도를 보이는 것으로 알려져 있다. 특히 일본의 대도시는 선진국의 다른 대도시와 비교했을 때 녹지량이 매우 적으며, 이는 다른 나라에 비해 토지이용규제가 너무 약하려 녹지가 개발 대상이 되기 쉬운 것이 원인이라고 생각된다.

그리고 도쿄 대도시권을 비롯한 일본의 3대 도시권에서는 토지이용계획 문제 중에서도 녹지를 비롯한 오픈 스페이스 확보에 관한 문제가 가장 심각하고 중요하며, 이는 토지이용 문제뿐만 아니라 환경 악화로도 이어지고 있다. 일본의 대도시권 중 특히 도쿄 대도시권에서는 고밀도지역이 도심에서 교외지역까지 이어져 있어 녹지 부족이 중대한 문제가 되고 있다. 그 배경에는 도쿄 대도시권은 런던 대도시권처럼 1940년대 이후, 전후 복구계획의 일환으로 그린벨트 설정이나 녹지배치 등이 계획되었지만 계획대로 충분한 녹지를 확보할 수 없었기 때문이다. 또한 도심에서 약 20km 떨어진 지역에 그린벨트계획이 있었지만 토지소유자의 강한 반대로 인해 일부밖에 실현할 수 없었다.

한편 녹지는 환경보전 기능이나 레크리에이션 기능, 방재 기능, 경관 형성 기능 등 다양하고 귀중한 기능을 가지고 있다는 점에서 지역환경의 중요한 구성요소로 널리 인식되고 있다. 또한 1995년에 발생한 한신 · 아와지 대지진 이후 고밀도 도시의 위험성에 대해 인식하기 시작하여 녹지를 기반으로 한 방재도시조성의 필요성도 강하게 주장되었다.

그래서 이 절에서는 야마모토(2000)[5] 및 Yamamoto(2006, 2007a, 2007b)[6~8]의 연구성과를 통해 일본의 대도시권을 대상으로 정밀 수치지도라는 전자지도데이터를 이용하여 도시밀도 지표로서의 공공적 녹지 충족도 평가에 대해 대도시권 전역의 경향을 소개한다.

6.4.2 이용 데이터에 대한 개요

이 연구에서는 국토지리원이 간행한 3대 도시권을 대상으로 한 정밀 수치지도(10m 메쉬)를 이용했다. 이 전자지도데이터는 주로 항공사진으로 판독하여 작성된 10m 메쉬 토지이용 데이터이다. 수도권 · 중부권 · 긴키권의 3대 도시권에 대해 5년마다 5시기분(時期分)이 작성되었다. 토지이용은 산림, 논, 밭, 공지, 조성중인 땅, 공업용지, 일반 저층 주택지, 밀집 저층 주택지, 중고층 주택지, 상업업무용지, 도로용지, 공원용지, 기타 공공공익시설 용지, 하천 호소, 기타 용지의 15개 항목으로 분류되었다.

또한 이 절에서 공공적 녹지는 앞에서 나왔던 야마모토(2000)[5] 및 Yamamoto(2006, 2007a, 2007b)[6~8]의 연구성과를 통해 '다른 용도로 쓰이지 않고 확보된 공원이나 녹지 등의 공공적 지역'으로 정의한다. 구체적으로는 앞서 말한 정밀 수치지도의 토지이용 분류 중 주로 공원녹지를 가리키며, 이를 분석 · 평가의 대상으로 하였다. 이 절에서는 ArcGIS를 이용하여 이들 전자지도데이터를 이용 가능한 형태로 가공해서 분석 · 평가한 결과에 대해 살펴보기로 한다.

6.4.3 3대 도시권 도시밀도 지표로서의 공공적 녹지 충족도 평가

1) 도쿄 대도시권

그림 6.4는 도쿄 대도시권의 1974, 1984, 1994년 3개 시점의 토지이용을 나타낸 것이다. 그림을 보면 도쿄 대도시권에는 도쿄 외에도 4개의 정령 지정 도시(요코하마시, 가와자키시, 치바시, 사이타마시)가 입지되어 있기 때문에 도시지역이 연담화되어 있고, 고밀도지역이 도심에서 40km 정도 떨어진 지역까지 이어져 있어 녹지 부족이 중요한 문제가 되고 있다는 것을 알 수 있다. 또한 그림 6.5는 신주쿠 부도심을 나타낸 것으로, 홍콩이나 싱가포르 등과 비교하면 고층 건축물의 입지는 그리 많지 않지만 밀집시가지가 교외까지 연속되어 있음을 알 수 있다.

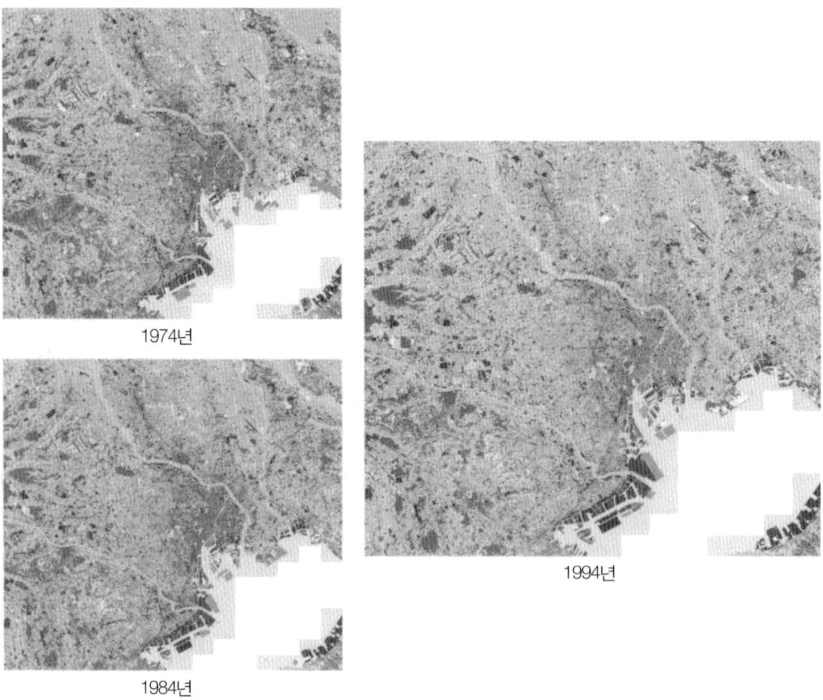

그림 6.4 도쿄 대도시권의 토지이용변화(1974~1994년)

그림 6.5 **도쿄 신주쿠 부도심의 요요기공원과 메이지신궁(2006년 12월 촬영)**

도쿄 도심부는 신주쿠 부도심 부근에 입지하는 요요기공원, 메이지신궁을 제외하면 대규모 공원녹지는 매우 적다.

그림 6.4에 나타낸 3개 시점의 토지이용을 비교하면 20년간 교외에 시가지가 형성되어 공공적 녹지와 산림, 농지는 감소되고 있음을 분명히 알 수 있다. 특히 도쿄 대도시권 남서부의 요코하마시 주변은 산림 감소가 심하고 구릉지가 광범위하게 걸쳐 주택지로 전환되고 있었다.

2) 중부 대도시권

그림 6.6은 중부 대도시권의 1977, 1987, 1997년 3개 시점의 토지이용을 나타낸 것이다. 중부 대도시권에서는 정령(政令) 지정 도시가 나고야시뿐이고 대규모 도시는 입지하지 않지만 나고야시 주변 지역에 많은 중규모, 소규모 도시가 분포되어 있다. 그림 6.6에서는 다른 두 대도시권만큼 대도시가 연담화되어 있지 않기 때문에 도시밀도가 높은 지역이 적고, 공공적 녹지의 분포가 많음을 알 수 있다. 그림 6.7은 나고야시 중심부의 사카에(栄) 지구를 나타낸 것이다. 나고야시에서도 중심부는 도시밀도가 높지만 그림을 보면 센트럴 파크 같은 몇몇 대규모 오픈 스페이스가 남아 있다. 또한 폭이 큰 도로가 도심부에 정비되어 있고, 다른 두 대도시권에

비해 고층 건축물의 입지가 적은 것이 중부 대도시권의 특징이다.

또한 중부 대도시권은 최근 제조업을 중심으로 산업활동이 활발하게 이루어지고 있어 일본에서 가장 경제상황이 양호한 지역으로 알려져 있으며, 앞으로 시가화가 진행될 가능성도 있다. 2005년에는 나고야시 북동부의 교외지역에서 아이치박람회(愛 · 地球博)가 개최되어 이를 계기로 교외지역에서 지역개발이 이루어진 것도 예측할 수 있다.

그림 6.6에 나타낸 3개 시점의 토지이용을 비교하면 중부 대도시권에서는 20년간 교외화가 진행되었지만 도쿄 대도시권보다 공공적 녹지나 산림 감소가 적으며, 북서부와 남동부에서는 농지가 시가지로 전환되고, 북동부에서는 산림이 시가지로 전환되고 있음을 알 수 있다.

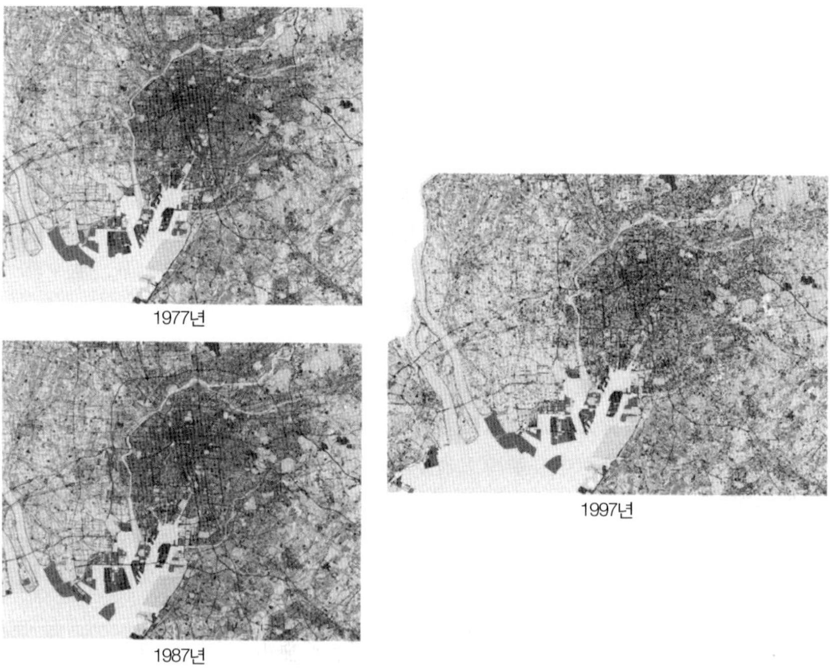

그림 6.6 **중부 대도시권의 토지이용변화(1977~1997년)**

그림 6.7 **나고야시 사카에 지구의 센트럴 파크 (2007년 3월 촬영)**

3) 게이한신 대도시권

그림 6.8은 게이한신 대도시권의 1976, 1986, 1996년 3개 시점의 토지이용을 나타낸 것이다. 게이한신 대도시권에는 3개의 정령 지정 도시(오사카시, 고베시, 교토시)가 있으며, 오사카시가 중심 도시이지만 3개의 정령 지정 도시 주변에 베드타운인 중규모 도시가 많이 입지되어 있다. 그림 6.9는 오사카시 중심부의 우메다(梅田)지구를 나타낸 것인데, 오사카시는 일본의 여러 대도시들 중에서도 도심부의 도시밀도가 가장 높고 오픈 스페이스는 적은 도시이다. 오사카시 중심부에 입지한 오사카 성과 오사카 성 공원 등을 제외하면 대규모 공원녹지는 매우 적다.

한편 고베시는 1995년 1월에 대지진이 발생한 도시로, 지금도 복구 사업이 추진되고 있다. 그림 6.10은 고베시 중심부의 모토마치(元町) 지구 방향을 나타낸 것이다. 그림에 나타낸 것처럼 고베시는 북부의 산지와 남부의 바다로 둘러싸여 있고 평야 부분이 적은 도시이기 때문에 매우 좁은 지역에 고밀도 시가지가 형성되어 있고 산지나 해상 매립지에 주택개발이 진행되고 있다.

그림 6.8에 나타낸 3개 시점의 토지이용을 비교하면 20년간 3개 정령 지정 도시의 교외지역에 시가지가 확대되고 있으며, 특히 북서부에 있는

고베시 주변은 구릉지 산림이 주택지로 전환되고 있음을 알 수 있다. 그러나 게이한신 대도시권은 오사카시 중심부의 경우 앞서 말한 것처럼 공공적 녹지가 매우 적지만, 교외지역에는 공공적 녹지나 산림, 농지분포가 많다.

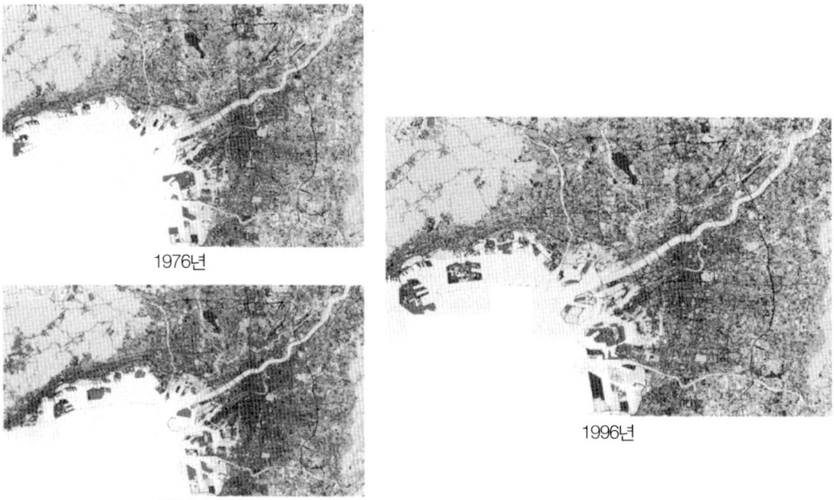

그림 6.8 **게이한신 대도시권의 토지이용변화(1976~1996년)**

그림 6.9 **오사카시 우메다 지구(2007년 4월 촬영)**

그림 6.10 **고베시 모토마치 지구(2006년 4월 촬영)**

4) GIS에 의한 일본 3대 도시권의 비교와 향후 연구

지금까지 살펴본 것처럼 도쿄 대도시권에는 요코하마시, 가와자키시, 치바시, 사이타마시 같은 다른 대도시가 철도와 자동차 등의 교통망 정비에 의해 연담화되어 있고, 이것이 나머지 두 대도시권과 비교했을 때 크게 다른 점이라는 것을 알 수 있었다. 또한 도쿄 대도시권에서는 고밀도 지역이 도심으로부터 약 40km 정도 떨어진 지역까지 이어져 있어 녹지 부족이 중대한 문제가 되고 있다. 이는 도쿄 대도시권의 심각한 토지이용 문제로 볼 수 있다. 한편 중부 대도시권은 도쿄 대도시권이나 게이한신 대도시권 만큼 도시밀도가 높지 않지만 최근의 경제성장이나 활발한 산업활동의 영향으로 앞으로 교외지역에서 시가화가 진행될 가능성이 있다.

이상과 같이 이 절에서는 정밀 수치지도에 따라 GIS를 이용하여 대도시권 전역에서의 경향을 표시함으로써 3대 도시권의 과거 20년 동안의 토지이용변화를 지도상에 알기 쉬운 형태로 제시하고, 토지이용변화와 공공적 녹지 충족도에 대해서도 3대 도시권을 비교할 수 있게 되었다. 또한 전자지도데이터를 이용하여 공공적 녹지배치를 재검토할 필요가 있는 지역이나 적정한 토지이용이 충분히 이루어지지 않았던 지역에 대해 지적하여 지역의 제 요인을 고려해서 앞으로의 시가화경향에 대해 예측할 수 있었다.

앞으로의 연구로는 이상의 분석 · 평가 결과를 바탕으로 심한 녹지 부족 지역을 문제지역으로 보고, 상세한 공간스케일로 분석 · 평가하여 이를 기초로 도입 가능한 토지이용규제에 대해 제언하는 것을 목표로 한다.

6.5 과제와 전망

지금까지의 성과를 통해 이 절에서는 GIS를 이용한 토지이용연구의 과제와 전망에 대해 이야기하겠다.

6.5.1 GIS 데이터 정비

GIS 데이터는 작성 · 정비에 막대한 작업이 필요하기 때문에 도도부현(都道府県)단위 또는 광역단위 이상의 큰 공간스케일로 동시에 자주 갱신 · 수정하기는 매우 어렵다. 토지이용 시간에 따른 변화를 정확히 파악하기 위해서는 동일한 연도의 데이터가 시계열별로 필요하지만, GIS 데이터를 큰 공간스케일 단위로 일제히 정비하는 것은 어려운 것이 현실이다. 또한 이 장에서 소개한 두 가지 연구 사례처럼 토지이용에 대해 분석 · 평가할 경우에는 토지이용분류의 세분화도 중요한 포인트인데, 토지이용을 상세하게 분류한 GIS 데이터 작성은 토지이용분류가 세분화될수록 매우 어려워진다. 따라서 이 장에서 지적한 문제지역만이라도 연구목적과 필요성에 맞게 최대한 상세한 토지이용분류 데이터를 짧은 시간간격으로 작성 · 갱신하는 것도 앞으로의 연구 과제 중 하나가 된다고 할 수 있다.

이러한 토지이용의 GIS 데이터 작성 · 갱신에 관한 과제에 대해 국토지리원에서는 종이지도나 항공사진뿐만 아니라 다양한 종류와 다양한 축척의 수치지도를 제작하고 있어 이러한 전자지도데이터의 이용과 가공으로 대응할 수 있다.

예를 들면 앞 절에서는 3대 도시권을 대상으로 한 정밀수치지도(10m 메쉬)를 이용하고 있는데, 앞으로의 연구 목적에 따라 이 전자지도데이터를 더 가공하여 이용할 예정이다. 또한 토지이용에 관련이 깊은 전자지도데이터로 (재)리모트센싱 기술 센터에서는 위성영상, 위성사진, 위성영상 지도데이터뿐만 아니라 국토지리원에서 발행한 지세도에 맞는 GIS용 위성영상 지도데이터를 제공하고 있다. 이들과 더불어 민간기업에서도 다양한 전자지도데이터가 간행·보급되고 있다. 앞으로 이처럼 토지이용연구에서 이용 가능한 전자지도데이터의 종류가 늘어감에 따라 GIS 응용 연구의 대상 분야도 좀 더 확대될 것으로 기대한다.

6.5.2 행정에 의한 GIS 데이터 작성과 제공

야마모토(2001, 2003, 2006b)[9~11]에서도 이미 지적하였듯이 국토지리원에서는 클리어링 하우스뿐만 아니라 2003년 7월부터 전자국토사업[12]을 시작하여 다양한 조직에서 GIS 이용을 추진하고 있다. 국토지리원에 의하면 '전자국토란 수치화된 국토에 관한 여러 가지 지리정보를, 위치정보를 바탕으로 통합하여 컴퓨터상에서 재현하는 사이버국토'라고 정의하고 있다. 즉 전자국토는 인터넷을 이용하여 언제, 어디서나, 누구나, 언제 것이든, 누구의 것이든 국토에 관한 다양한 정보를 통합하여 국토관리와 재해대책, 행정·복지 정보의 제공 등 폭넓은 분야에서 활용할 수 있는 기능을 갖추고 있다고 할 수 있다. 표 6.1은 2007년 4월 현재 공개된 전자국토 사이트를 지역별, 발신정보별, 발신단체별로 정리한 것인데, 참가 단체가 급속히 증가하고 있다. 표에 나타난 것처럼 발신정보별로는 행정 정보가 35단체, 관광·생활정보가 35단체로 많고, 이어서 방재·안전 정보가 29단체였다. 또한 발신단체별로는 행정기관이 76단체로 과반수 이상이었고, NPO 법인은 37단체이며 발신단체별로는 행정기관이 가장 많음을 알 수 있다.

표 6.1 전자국토 사이트(2007년 4월 현재)

지역별		발신정보별		발신단체별	
전국	20	방재 · 안전	29	행정기관	76
홋카이도	6	환경	5	교육기관	14
도후쿠	14	복지	6	NPO 법인	37
간토	36	행정	35	민 · 관 공동 연구	7
호쿠리쿠	18	관광 · 생활	35	실시기업 등	
추부	11	교육	4		
긴키	9	기타	20		
추고쿠	2				
시고쿠	8				
규슈	9				
기타	1				

주. 전자국토 포탈[12)]에서 작성

그리고 앞으로는 누구나 쉽게 지리정보를 '전자국토'에 발신할 수 있고 다양한 주체가 이를 공동이용하는 것이 실현될 수 있기를 기대한다. 이와 같이 다양한 지리정보가 공유되고 실시간 정보 갱신이 실현되면 전자국토는 실제 국토변화에 빠르게 대응할 수 있어 장래 예측을 위한 시뮬레이션 등에서도 이용할 수 있다.

마찬가지로 야마모토(2001, 2003, 2006b)[9~11)]에 의하면 총무성에 의해 '통합형 지리정보시스템에 관한 지침'(2001년은 전체 지침, 2002년은 운용 지침)이 수립되었고, 통합형 GIS사업이 시작된 것을 계기로 행정 여러 부 · 국에서 GIS도입을 진행하고 있다. 총무성[13)]에 따르면 '통합형 GIS란 지방자치단체의 청내 LAN 등 네트워크환경을 바탕으로 청내에서 공용할 수 있는 공간데이터를 공용 공간데이터로 하여 일원적으로 정비 · 관리하고 각 부서에서 활용하는 청내 횡단적 시스템(기술 · 조직 · 데이터 구조)'로 정의하고 있다. 총무성 조사[13)]에 의하면 2004년 현재 전체 도도부현에서는 이미 GIS도입을 완료했지만 시정촌에서는 약 39%가 도입을 완료하고 미험자가 약 45%나 되었다. 또한 표 6.2는 2004년 현재 통합형 GIS의 도입상황에 대해 도도부현별, 시정촌별로 정리한 것이다. 도도

표 6.2 통합형 GIS의 도입상황(2004년 현재, 단위 : %)

	도도부현	시정촌
이미 도입 완료	25.5	9.6
데이터만 정비중	2.1	1.4
시스템만 정비중	0.0	0.2
데이터와 시스템 모두 정비중	6.4	2.8
조사중	8.5	1.9
도입 검토중	53.2	25.3
미검토	4.3	58.8

통합형 GIS 포탈[13]에서 작성

부현단위에서는 약 26%가 이미 통합형 GIS도입을 완료하고 과반수 이상인 약 53%가 도입 검토중이었다. 또한 시정촌에서는 미검토가 약 59%로 매우 많고 이미 도입을 완료한 곳은 약 10%에 지나지 않는다는 것을 알 수 있다.

이러한 점에서 볼 때 도도부현단위는 GIS도입을 이미 완료했지만 통합형 GIS도입은 전체 도도부현의 1/4 정도에 불과하다. 시정촌단위는 GIS 도입도 약 40% 정도에 불과한데다가 통합형 GIS도입은 과반수 이상이 미검토인 실정이다. 또한 총무성에서는 도도부현을 대상으로 1997~2004년도에 걸쳐 7개 부현(기후현, 시즈오카현, 오사카부, 고치현, 후쿠오카현, 오이타현, 오키나와현)에서 GIS 실증실험을 했다. 2004년 현재 도도부현단위에서는 11도도부현, 시정촌단위에서는 3시가 통합형 GIS 정비계획을 수립하고 그 계획을 인터넷에 공개하였다. 이들 지방자치단체 중에서도 미에현은 GIS 마스터플랜을 수립하여 GIS 시스템 및 데이터를 정비하고 간이 휴대형 GIS 'M-GIS'를 무상공개하고 있다[14]. 기후현에서도 (재)기후현 건설연구센터에서 지도정보를 제공하고 있으며 사용자 등록을 하면 오리지널 맵을 작성할 수 있다[15]. 또한 6.3절에서 살펴보았듯이 시가현이 마더 레이크 21 계획을 위해 작성한 GIS 데이터를 가공하여 이용하고 있다.

이상과 같은 국가와 지방자치단체의 대응과 더불어 민간기업이 제공하는 전자지도데이터 등 그 종류가 해마다 증가하고 있어 앞으로 다양한 분야에서 전자지도데이터의 정비가 기대된다. 이처럼 일본에서는 GIS 데이터 정비가 한층 더 진전됨에 따라 토지이용분석에 이용 가능한 데이터도 늘어날 것으로 예상되기 때문에 앞으로 GIS를 이용한 토지이용연구가 더욱 발전할 수 있기를 기대한다.

6.6 소결

이 장에서는 토지이용연구 분야의 GIS활용에 대한 의의 및 비와호지역과 일본의 3대 도시권의 토지이용연구 사례를 통해 GIS를 이용한 토지이용연구의 과제와 전망에 대해 살펴보았다. 그리고 토지이용연구 목적에 있어서 가장 적합한 방법으로 분석 · 평가하기 위해 여러 가지 공간분석기능을 이용할 수 있는 유용성 높은 정보시스템으로 GIS를 평가했다. GIS라는 공간분석 도구를 토지이용연구에 도입하면 지금까지는 기술적 제약이 있어 하기 어려웠던 것을 가능하게 하거나, 종래에 비해 연구 목적에 더욱 적합한 토지이용분석을 할 수 있게 되었다. 또한 국가나 지방자치단체 등의 행정뿐만 아니라 민간기업 등에 의해서도 GIS 데이터의 작성 · 정비가 급속히 진행되고 있기 때문에 토지이용연구에도 다양한 주체로부터 제공되는 여러 종류의 GIS 데이터를 이용하는 것이 가능해지고 있다.

위와 같은 모든 점을 고려하면 GIS는 토지이용뿐만 아니라 다양한 학문 분야의 연구를 심화시키는 데도 크게 공헌한 것으로 볼 수 있다. 그러나 토지이용연구에 있어서 GIS에 의한 분석 · 평가 결과가 지닌 의미와 실제 토지이용은 어떤 상황인지, 어떤 문제가 발생하고 있는지 등에 대해 충분한 현장연구를 통하여 GIS에 의한 디지털 공간의 가상세계와 현실세계와의 괴리 유무를 직접 눈으로 확인하는 것도 중요할 것으로 생각된다.

예를 들어 가상세계에서 GIS에 의한 분석결과가 시가지 확대에 의해 토지이용문제가 생긴 지역으로 표시되어 있어도 기성 시가지가 서서히 확대된 것인지 개발이 연속되어 신시가지가 형성된 것인지 등 문제가 생긴 원인에 대해 현실세계로 돌아와 현장연구를 통해 확인하지 않으면 유효한 대응책이나 해결책을 제안하기가 어렵다. 또한 현실세계의 현장연구성과를 바탕으로 연구대상지역의 실정을 자신의 머릿속에 그리면서 가상세계에서 GIS에 의한 분석과 시뮬레이션을 함으로써 토지이용계획에 대해 종래보다 더욱 실현 가능한 대응책과 해결책을 제언할 수 있을 것으로 생각된다.

지금까지 소개한 것처럼 GIS는 우리에게 연구 대상지역 전역에 대해 토지이용현황과 변화를 종합적으로 인식시키고, 토지이용에 관해 어떤 문제가 있는지 발견하게 해주지만, 앞으로 어떤 해결책이 필요할지 검토하고 제안하는 것은 우리 인간의 몫이다. 이러한 모든 점을 통해 볼 때 GIS에 의한 분석 · 평가와 현장연구를 양립시키는 것은 GIS를 이용한 응용연구, 특히 GIS를 이용하여 토지이용연구자와 전문가에게는 매우 중요한 과제이다.

인용문헌

1) 大阪府高槻市わが街高槻ガイド. http://www.city.takatsuki.osaka.jp/maplink2.html
2) 大阪府豊中市とよなかわがまち. http://web02.city.toyonaka.osaka.jp/gis/info.htm
3) 山本佳世子 (2004) : 琵琶湖集水域における地域環境保全の視点からみた土地利用計画の評価. 研究報告書, 168p.
4) 山本佳世子 (2006a) : GIS による環境保全のための土地利用解析—環境情報の共有化—, 162p, 古今書院.
5) 山本佳世子 (2000) : 地域防災性からみた公共的緑地の充足度評価方法に関する研究. 環境科学会誌, **13**(4) : 439-454.
6) Yamamoto, K. (2006) : Genealogy of city planning based on green spaces. 45th Annual Meeting of the Western Regional Science Association, Presentation Paper, 24p.

7) Yamamoto, K. (2007a)：Evaluation of the degree of the sufficiency of public green spaces as an index of density in metropolitan areas in Japan. 46th Annual Meeting of the Western Regional Science Association, Presentation Paper, 28p.

8) Yamamoto, K. (2007b)：Evaluation of public green space placement plans as indicator of urban density of Japan's three major metropolitan areas. 20th Conference for the Pacific Regional Science Conference Organization (PRSCO), Presentation Paper, 24p.

9) 山本佳世子 (2001)：都道府県レベルでの統合型 GIS 構築に関する研究—滋賀県における電子県庁実現の試みの一環として—. 第 16 回日本社会情報学会全国大会研究発表論文集：187-192.

10) 山本佳世子 (2003)：都道府県レベルでの地域統合型 GIS の構築に関する一考察. 第 18 回日本社会情報学会全国大会研究発表論文集：143-148.

11) 山本佳世子 (2006b)：地方自治体による GIS を利用した情報発信に関する研究. 第 21 回日本社会情報学会全国大会研究発表論文集：59-62.

12) 電子国土事務局, 電子国土ポータル. http://cyberjapan.jp/

13) NPO 国土空間データ基盤推進協議会, 統合型 GIS ポータル. http://www.gisportal.jp/

14) 三重県 M-GIS. https://www.m-gis.pref.mie.jp/mgis/index.jsp

15) 岐阜県県域統合型 GIS ぎふ. http://www.gis.pref.gifu.jp/

7 인구와 GIS

GIS를 이용한 인구현상을 분석하는 방법에 대해 설명하고 지역인구분석(geodemographics)이론과 방법에 대한 내용도 함께 살펴보고자 한다.

7.1 소지역 인구통계와 GIS

가장 일반적인 인구통계는 행정단위(도도부현 또는 시구정촌 등)로 집계된 것이 대부분이다. 이런 인구통계에 대해 분석할 경우 GIS는 주로 분석결과를 지도화하기 위해 사용되어 왔다. 이에 반해 최근 급속하게 이용환경이 정비되고 있는 이른바 소지역 인구통계는 행정단위의 인구통계에 비해 GIS의 활용성이 훨씬 넓다. 따라서 이 장에서는 GIS의 기능을 폭넓게 활용할 수 있는 소지역 인구통계를 알아보고, GIS를 이용한 지역인구분석방법의 구체적인 예를 몇 가지 들어보기로 한다.

소지역 인구통계란 일반적으로 행정구획보다 작은 지역을 단위로 한 인구통계이다. 일본의 경우는 정정(町丁) · 자(字) 또는 기본단위구(센서스조사를 위해 설정된 단위지역이며, 원칙적으로 한 가구에 해당)를 단위로 하여 집계된 인구통계가 그 대표적이다. 한편 이처럼 소지역 인구통계를 대상으로 한 분석은, 앞으로 설명하겠지만 이들 데이터를 다른 구획, 즉 거리대나 기준지역 메쉬(거의 1㎢인 구획, 3차 메쉬라고도 함)를 단위로 하는 데이터로 가공한 다음에 본격적인 분석을 하는 경우가 적지 않은데, GIS 기능의 유용성은 특히 이 가공작업시 가장 높다. 왜냐하면 이런 가공작업을 할 때는 소지역의 구획과 새로 생성된 구획을 지도상에서 중첩(overlay)시켜야 하고, 또한 소지역의 면적이나 위치정보를 이용한 계산을 대량으로 반복해야 하기 때문이다.

앞에서도 말했지만 소지역 인구통계의 이용환경은 최근 급속하게 정비되고 있어 각종 전자매체를 통해 비교적 간단하게 획득할 수 있게 되었다. 일본에서는 그 중에서도 총무성 통계국이 이전 사이트인 '통계 GIS 플라자'에서 전국의 정정(町丁) · 자(字)별 센서스 데이터를 자유롭게 다운로드할 수 있도록 한 것이 의미가 있다. 이 사이트에서 제공되는 센서스 데이터는 2000년 자료뿐이지만 이 사이트가 우수한 이유는 센서스 데이터와 함께 전국의 정정(町丁) · 자(字)의 경계데이터를 범용성 높은 ArcGIS 파일형식(Shapefile)으로 제공했다는 점에 있다. 이렇게 함으로써 GIS를 이용할 수 있는 환경만되면 소지역 인구통계를 이용한 각종 분석을 훨씬 쉽게 할 수 있다. 한편 '통계 GIS 플라자'가 제공하던 서비스는 2008년에 정부통계종합창구(e-Stat)의 새로운 사이트인 '지도로 보는 통계(통계 GIS)'로 이전되고, 이와 동시에 2005년 센서스 데이터도 다룰 수 있게 되었다. 두 시점의 소지역 인구통계를 이용할 수 있게 된 것은 7.4절에서 설명한 것처럼 장래 인구추계를 할 수 있다는 점 등 여러 가지 이점이 많아 새로운 사이트는 이전 사이트에 비해 이용가치를 한층 더 높였다고 할 수 있다.

이와 같이 지역인구분석에 있어서 '지도로 보는 통계(통계 GIS)'의 유용성이 비교적 높으므로 이 사이트에서 다운로드한 데이터를 ArcGIS를 이용하여 분석하는 구체적인 방법에 대해 설명하기로 한다. 또한 이 장에서는 ArcGIS를 구성하는 기본 애플리케이션 중 ArcMap만을 사용한다.

ArcMap의 기능에 대해서는 다카바시(高橋, 2005)[1] 참조하기 바란다.

7.2 데이터 획득과 소지역 구획의 지도화

가나가와현 사가미하라시(相模原市)를 예로 들어 '지도로 보는 통계(통계 GIS)'에서 센서스 데이터를 다운로드하여 일련의 지역인구분석을 하는 방법에 대해 설명한다. 단, 그 대상은 2000년 한 시점의 데이터만 다루기로 하고, 데이터 다운로드부터 소지역구획의 지도화까지 그 순서에 대해 설명한다. 또한 사가미하라시는 2000년 이후 2006~2007년에 걸쳐 주변의 4개 마을, 즉 쓰쿠이마치(津久井町), 사가미코마치(相模湖町), 시로야마마치(城山町), 후지노마치(藤野町)와 합병하였다. 따라서 2000년 시점의 시역을 '구 사가미하라시'로 부르고, 마을합병 후의 시역은 '사가미하라시'로 부르기로 한다.

우선 정부 통계 종합 창구(e-Stat)의 첫 페이지에서 '지도로 보는 통계(통계 GIS)'를 선택하고, '데이터 다운로드' 페이지에 들어간다. 이어서 Step 1에서 '헤이세이 12년 센서스(소지역)'을, Step 2에서 '연령별(5세 계급, 4구분), 남녀별 인구'를 선택한다. 그리고 다음 페이지인 Step 3에서 분석 대상지역인 구 5시정(市町)을 선택한 후 검색 버튼을 누르면(Step 3에서 표시되는 것은 2000년 시점의 시구정촌임을 주의), Step 4의 '통계 데이터'와 '경계 데이터'의 각 칸에 다운로드할 수 있는 파일이 여러 개 표시된다.

Step 4의 '통계 데이터' 칸에는 Step 2에서 선택한 통계표 '연령별(5세 계급, 4구분), 남녀별 인구'로 구 5개 시정, '비공개 정보'로 구 사가미하라시가 표시될 것이므로 이들 파일을 모두 다운로드한다. 비공개 정보란 인구가 일정기준(10명)을 채우지 못하고, 데이터가 비공개된 지역(비공개지역)과 그 데이터가 합산된 지역(합산지역)의 대응관계를 말한다. 통계 데이터를 가공할 때 이 대응 관계 정보가 필요하기 때문에 통계표의 파일과 합해 비공개 정보 파일도 다운로드해야 한다. 한편 비공개 정보 칸에 구 사가미하라시밖에 표시되지 않는 것은 기존 4개 마을에 비공개지역이 존재하지 않기 때문이다. 한편 '경계 데이터' 칸에는 측지계, 좌표계, 데이터형식 등의 차이에 따라 총 6종류의 파일 세트를 선택할 수 있는데, 여기서는 구 5개 시정에 관한 '세계측지계 평면 직각 좌표계 · Shape형식' 파일을 선택한다. 이때 '일본측지계 평면 직각 좌표계 · Shape형식'을 선택해도 상관없지만 세계측지계는 앞으로의 표준이 될 보다 새로운 측지기준계이므로 이것을 선택하는 것이 좋다. 그리고 Step 4에서는 통계 데이터와 경계 데이터의 '정의서'를 다운로드할 필요가 있다. 정의서는 분석에 반드시 필요한 파일 포맷(데이터 나열방식)이 쓰이며, 모든 시구정촌에 공통된 것이다. 여기서는 통계 데이터의 통계표와 비공개 정보 및 경계 데이터의 총 3개 정의서를 다운로드한다. 또한 정의서 외의 파일은 모두 압축되어 있으므로 다운로드한 후에 관련 프로그램을 이용하여 압축을 풀어주어야 한다.

이렇게 모든 파일을 얻고 나면 ArcMap를 실행한 후 구 5개 시정의 경계 데이터를 '데이터 추가' 명령어를 이용하여 하나씩 읽어 5개의 레이어를 작성한다. 5개의 레이어를 얻고 나면 ArcMap의 분석 툴인 Arc Toolbox의 '아펜드(Append)' 명령어를 이용하여 이들 5개 레이어를 합쳐서 하나의 레이어로 만든다. 이렇게 해서 사가미하라시 전역의 소지역구획 레이어가 작성된다(그림 7.1). 그림에서 굵은 실선이 구 시정계, 가는 실선이 정정(町丁) · 자(字)계를 나타낸다. 굵은 실선으로 둘러싸인 구획 중 가장 동쪽에 위치한 것이 구 사가미하라시이다. 그림 7.1에서 사가미하라시의 서쪽 반은 정정(町丁) · 자(字)의 구획이 매우 큰 것을 알 수 있는데, 이들은 대부분 전역이 산간부이다. 사가미하라시 전역의 정정(町丁) · 자(字)의 구획수(총 412개)는 그 레이어의 속성 테이블(해당 레이어에 속하는 단위지역의 속성 정보가 저장된 표)을 보면 알 수 있다.

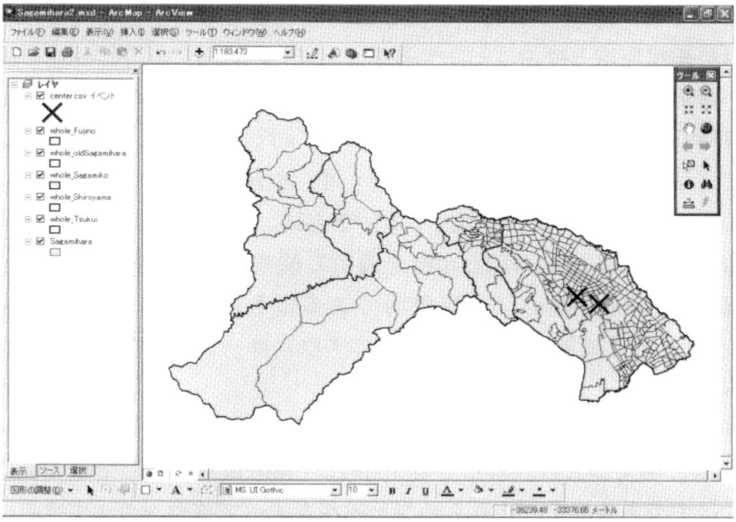

그림 7.1 **사가미하라시의 구 시정계와 정정(町丁) · 자(字)계**

7.3 인구와 세대수를 이용한 분석

앞에서 다운로드한 경계 데이터의 파일에는 Shape형식으로 보존된 정정(町丁) · 자(字)계 정보 외에도 정정(町丁) · 자(字)별 면적, 중심좌표, 인구, 세대수 등의 정보가 들어 있다. 따라서 분석할 때 이들 외의 정보를 특별히 필요로 하지 않는다면 통계 데이터의 파일은 필요하지 않으며 분석에 드는 노력을 대폭 줄일 수 있다. 따라서 이 절에서는 경계 데이터의 파일만으로 실행할 수 있는 분석에 대해 설명한다.

7.3.1 인구밀도와 평균가구원수의 분포도 작성

앞서 말한 정보로 산출 가능한 인구밀도와 평균가구원수(average size of households)의 분포도를 그려본다. 이들 수치는 각각 '인구/면적'과 '인구/세대수'로 주어지므로 사가미하라시 레이어의 속성 테이블에서 필드 연산을 하면 간단하게 얻을 수 있다. 필드란 속성 테이블의 열에 해당하며(이에 반해 행에 해당하는 것이 레코드), 필드 연산이란 열끼리의 연산을 의미한다. 이 필드 연산에서 주의해야 할 것은 세대수가 '0'인 구획에 대해서는 평균가구원수를 산출할 수 없다는 점이다. 이 항에서는 이 같은 문제를 피하기 위해 '속성 검색' 명령어를 이용하여 세대수가 '0'인 구획을 제외한 레이어를 작성하고 이 레이어에 관해 평균가구원수를 구한다.

이렇게 해서 얻어진 분포도가 그림 7.2와 7.3이다. 사가미하라시의 인구밀도 분포(그림 7.2)를 보면 시 동부의 구 사가미하라시에 인구가 집중되어 있음을 확실히 알 수 있다. 또한 평균가구원수의 분포(그림 7.3)를 보면 인구가 집중된 시 동부에서 수치가 작아지는 경향을 볼 수 있는데, 시 동부의 극히 일부 구획에서는 수치가 갑자기 높다(최고 18.2명). 평균가구원수가 갑자기 높은 구획이 나타난 것은 이들 구획에 노인 홈(요양원) 같은 사회시설이 입지해 있고 그런 시설의 세대는 센서스상 '시설 등의 세대'로 다루어져 동일 건물에 사는 입소자 전원을 1세대로 보기 때문이다. 한편 그림 7.3에서 흰색으로 나타난 곳은 인구와 세대 모두 0인 구획이다.

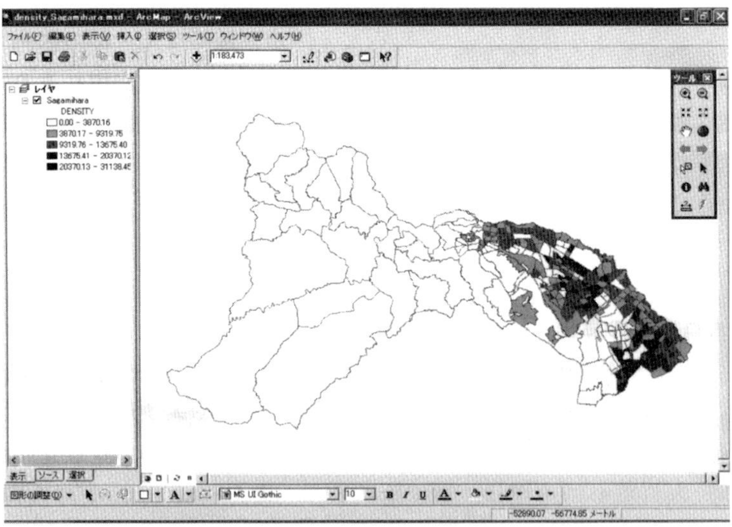

그림 7.2 **사가미하라시의 인구밀도 분포(2000년)**
-2007년 현재의 시역에 대해 표시-

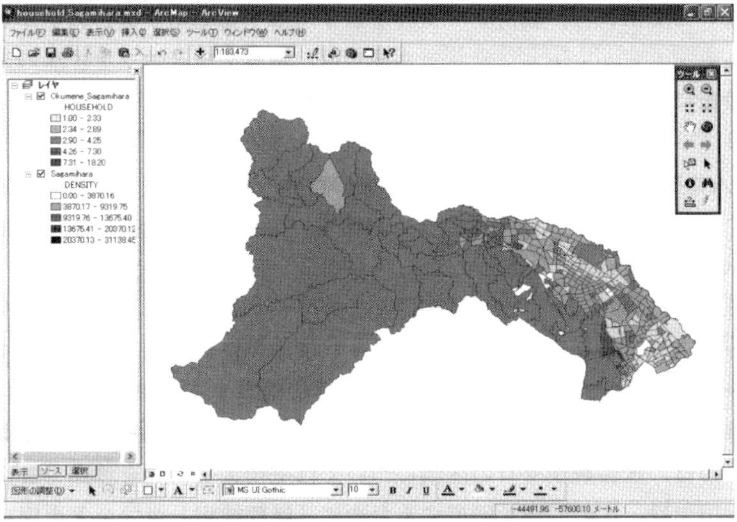

그림 7.3 **사가미하라시의 평균가구원수 분포(2000년)**
－2007년 현재의 시역에 대해 표시－

7.3.2 인구중심의 산출

지역인구분석의 대표적 지표인 인구중심(center of population)을 구해보면, 인구중심이란 어떤 지역에 거주하는 사람들의 체중이 모두 같고 그 지역이 평판이라고 가정했을 때, 그 평판을 지지할 수 있는 지점의 위치를 의미한다. 인구중심의 좌표는 단위지역 i의 좌표를 (x_i, y_i), 그 인구를 p_i라고 하면 $(\Sigma p_i x_i / \Sigma p_i, \ \Sigma p_i y_i / \Sigma p_i)$로 나타낸다(하마 · 야마구치(濱 · 山口), 1997)[2]. 이 정의식에서 알 수 있듯이 인구중심 산출에 필요한 정보는 단위지역, 즉 정정(町丁) · 자(字)별 인구와 좌표인데, 앞에서 설명한 것처럼 경계 데이터의 파일에는 이들 정보가 이미 포함되어 있다. 따라서 이제는 상기 정의식에 따라 계산만 하면 된다. 이 계산은 접합된 레이어의 속성 테이블상에서도 가능한데 번거로우므로 여기서는 그 테이블을 Excel로 열어 계산한다. 단, ArcMap이 다루는 속성 테이블은 dBASE형식(확장자가 dbf)인 파일로 되어 있으므로 Excel에서 열 때는 이 형식을 지정한다.

한편, 앞 절에서 다운로드한 경계 데이터는 평면 직각 좌표계(사가미하라시는 제9계에 속함)의 것이었지만 그 속성 테이블에 포함된 좌표 정보는 지리좌표계를 기초로 한 것(즉 경위도 표시)이라는 점에 주의한다.

경위도 표시 좌표는 인구중심을 산출할 때에는 특별히 문제가 없지만 그 수치를 거리의 공식 $\sqrt{(x\text{좌표의 차이})^2+(y\text{좌표의 차이})^2}$에 대입하는 것만으로는 두 점 사이의 거리를 구할 수 없다(다카바시(高橋) 2005, pp.157~172[1)] 참조).

속성 테이블을 열면 인구와 x좌표의 곱, 인구와 y좌표의 곱을 구한 후 각각의 합을 인구의 합에서 빼면 인구중심의 좌표가 구해진다. 여기서는 합병 전과 합병 후의 시역에서 인구중심이 어느 정도 변했는지 확인하려고 하는 것이므로 구 사가미하라시에 관한 속성 테이블에서도 같은 계산을 한다. 이렇게 해서 2가지의 인구중심 좌표치가 구해지고 나면 이것을 그림 7.4에 나타낸 표로 만든 다음에 콤마구획 형식(확장자가 csv)으로 보존한다. 이들 인구중심의 위치를 사가미하라시 레이어와 중첩(overlay)시키기 위해서는 ArcMap의 'XY 데이터 추가' 명령어를 이용해 해당 csv 파일을 읽으면 된다. 그림 7.1에 나타낸 두 개의 기호 「×」가 이들 인구중심의 위치이다. 그 중 동쪽으로 치우쳐 위치한 것이 합병 전이고, 서쪽으로 치우쳐 위치한 것이 합병 후의 시역에 관한 것이다. 그림 7.1에 따르면 합병에 의한 시역의 변화에 비해 인구중심의 위치 변화가 훨씬 작지만 이는 그림 7.2에서도 알 수 있듯이 구 사가미하라시의 인구비중이 기존 4개 마을에 비해 두드러지게 높기 때문이다.

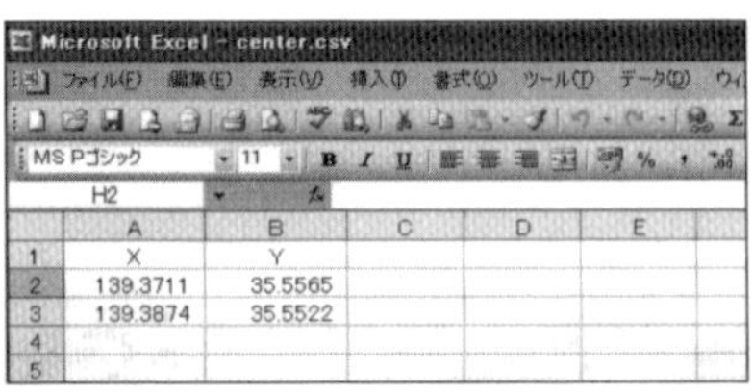

	A	B	C	D	E
1	X	Y			
2	139.3711	35.5565			
3	139.3874	35.5522			
4					
5					

그림 7.4 **인구중심의 좌표에 관한 csv 파일**

7.3.3 거리대별 인구밀도의 산출

인구중심으로부터의 거리에 따라 인구밀도가 어떻게 변화하는지 검증한다. 그러기 위해서는 우선 인구중심을 중심으로 한 거리대를 설정할 필요가 있다. ArcMap에는 거리대 레이어를 생성하기 위한 '다중 링 버퍼(Multi ring buffer)' 명령어를 이용하여 사가미하라시의 인구중심을 중심으로 한 폭 1km의 거리대를 설정한다. 그림 7.5는 이렇게 생성된 거리대 레이어와 사가미하라시 레이어를 겹친 것이다. 두 레이어를 겹치고 나면 ArcToolbox의 '인터섹트(Intersect)' 명령어를 이용해 정정(町丁) · 자(字)의 구획이 3개인 거리대에 걸쳐 있을 경우 그 구획은 3개로 분할된다. 이렇게 해서 사가미하라시의 총 412구획의 정정(町丁) · 자(字)가 세분화되어 새롭게 667구획이 생성된다(그림 7.5에서 회색 부분).

거리대별 인구밀도를 구하기 위해서는 앞서 말한 667구획의 인구를 각각 산출해야 하는데, 이 항에서는 그런 계산에 자주 쓰이는 '면적안분법'을 이용한다. '면적안분법'이란 단위지역(여기서는 정정 · 자)의 인구가 그 지역 내에 일정하게 분포한다는 가정 하에 단위지역을 분할하여 생성된 구역의

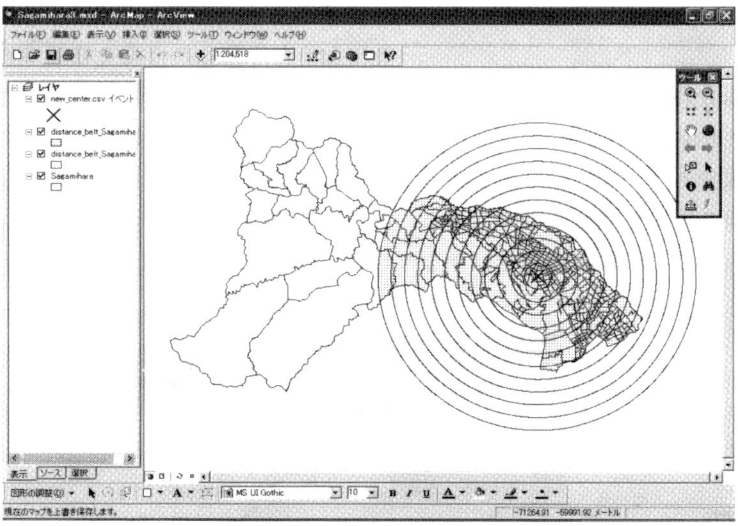

그림 7.5 1km 거리대의 레이어와 사가미하라시 레이어의 중첩(overlay)

인구를 '단위지역의 인구밀도×분할된 구획면적'으로 산출하는 방법이다. 따라서 여기서는 앞서 말한 667구획의 인구를 구하기에 앞서 이들 면적을 구한다. ArcMap에서는 레이어를 구성하는 면(polygon) 데이터(여기서는 정정 · 자에 해당)의 면적을 구할 수 있으므로 그 기능을 사용해 작업한다. 이 작업에 의해 667구획의 면적이 구해진 후 정정 · 자별 인구밀도는 이미 산출이 완료된 것이므로 필드 연산에서 이들 값(즉 정정 · 자별 인구밀도와 667구획별 면적)의 곱을 구하면 667구획의 인구가 구해진다.

이렇게 해서 정정 · 자를 분할한 구획의 면적과 인구가 구해지고 나면 ArcToolbox의 '디졸브(Dissolve)' 명령어를 이용하여 이들 구획을 거리대별로 통합한다. 이 명령어는 필드의 값이 일치하는 다수의 면(polygon) 데이터를 통합하여 하나의 면(polygon) 데이터를 작성하는 것이다. 여기서는 거리대를 나타내는 필드를 기준으로 하여 디졸브(Dissolve) 조작을 하면 된다. 이때 동일 폴리곤에 통합된 다수의 면(polygon)에 대해 임의의 필드 값을 합산하도록 지시할 수 있으므로 이 기능을 이용하여 각 거리대의 면적과 인구를 구한다. 거리대별 인구밀도는 이들 값으로 간단하게 구할 수 있게 된다. 이렇게 해서 얻어진 거리대별 인구밀도와 거리와의 관계를 그림 7.6에 나타낸다. 그림에 따르면 6~7km 대의 인구밀도 높이가 눈에 띄는데, 이는 이 거리대가 사가미하라시 남동부에 있는 사철연선(私鉄沿線)의 인구밀집지와 겹치기 때문이다.

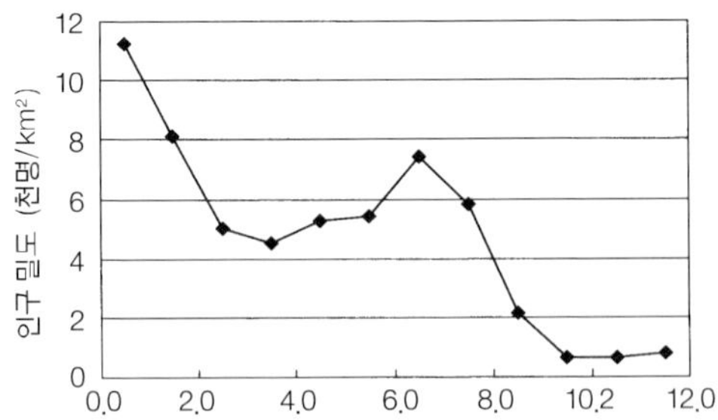

그림 7.6 사가미하라시의 거리대별 인구밀도(2000년)

7.4 성별 · 연령별 · 계급별 인구를 이용한 분석

7.2절에서 언급한 통계 데이터, 즉 통계표 '연령별(5세계급, 4구분), 남녀별 인구' 데이터를 이용한 분석에 대해 설명하고자 한다. 지역인구분석에서 자주 쓰이는 노년인구비율(elderly population ratio), 여성 어린이 비율(child-woman ratio), 인구 포텐셜(population potential)의 3측도를 다룬다. 또한 좀 더 의미 있는 결과를 얻기 위해 이들 3개 측도를 기준지역 메쉬를 단위로 하여 산출하고, 이를 지도화한다. 한편 구 사가미하라시 외의 기존 4개 마을에 대해서는 정정 · 자 구획의 대부분이 기준지역 메쉬에 비해 매우 크기 때문에 이 절에서는 구 사가미하라시만을 대상으로 언급한다.

7.4.1 경계 데이터와 통계 데이터의 결합(Join)

이 항에서는 앞서 나온 통계 데이터를 ArcMap에서 이용하기 위해 이 데이터를 속성 테이블을 매개로 경계 데이터와 결합(Join)시킨다. 이때 실행하는 것이 '테이블 결합(Join)'이라는 조작이다. 이 조작은 각 정정 · 자에 대해 고유하게 할당된 최대 11행의 지구 코드(그 중 선두 5행은 시구정촌 코드)를 기초로 하여 둘을 결합(Join)하는 것인데, 결합(Join)에 앞서 다음에 설명할 a~d에 나타낸 여러 가지 준비를 할 필요가 있다. 또한 '테이블 결합(Join)'에 의해 생성된 레이어는 일단 내보내기(export)하고 그 레이어를 이용하여 분석하는 것이 바람직하다.

1) 통계 데이터의 정리

해당 통계 데이터는 txt를 확장자로 하는 파일로 제공되는데, 이 파일은 많은 변수를 포함하여 변수명도 알기 어려우므로 Excel에서 연 다음에 필요한 변수만 선택 · 산출하여 알기 쉬운 명칭을 붙이는 것이다.

여기서 필요한 것은 총인구, 0~4세의 인구, 65세 이상의 인구, 20~39세의 여성 인구이다. 이 파일에 포함된 변수와 그 정의에 대해서는 7.2절에서 언급한 정의서를 보면 된다. 또한 이 파일은 콤마구획형식으로 되어 있으므로 Excel에서 열 때에는 주의해야 한다. 또한 마지막으로 저장할 때에는 반드시 확장자를 csv로 바꿔주어야 한다.

2) 비공개지역과 합산지역의 통합

7.2절에서 설명한 것처럼 인구가 일정기준을 채우지 못한 지역은 데이터가 비공개되어 미리 합산지역의 값에 산입되어 있다. 따라서 해당 통계 데이터에서 비공개지역의 레코드를 제거하고 경계 데이터에서 비공개지역과 그 수치가 산입된 합산지역을 통합할 필요가 있다. 경계 데이터의 통합작업은 7.2절에서 언급한 비공개 정보를 바탕으로 비공개지역의 지구 코드를 합산지역의 것과 일치시킨 후 그 지구 코드의 필드를 기준으로 '디졸브(Dissolve)' 명령어를 실행하면 된다.

3) 격리된 곳의 통합

앞 절에서 언급한 경계 데이터는 다수의 면(polygon)을 가진 정정 · 자에 대해서는 하나의 면(polygon)에 하나의 레코드가 할당되어 있는데, 이들의 지구 코드는 모두 동일하다. 따라서 동일한 지구 코드를 가진 레코드가 여러 개 나열되는 경우가 있다. 이에 반해 해당 통계 데이터에서는 하나의 지구 코드에 하나의 행(레코드)만 대응한다. 이런 조건 하에서 테이블 결합(Join)을 하면 통계 데이터 1행에 경계 데이터 여러 개의 레코드가 연결된 형태가 되기 때문에 인구가 중복 카운트된다. 한편 ArcMap은 하나의 레코드에서 여러 개의 면(polygon)을 가질 수 있다. 따라서 이 항에서는 '디졸브(Dissolve)' 명령어를 이용하여 동일한 지구 코드를 가진 면(polygon)을 통합한다.

4) 지구 코드의 데이터형식 변환

앞서 말한 '테이블 결합(Join)'을 할 때 기준이 되는 지구 코드 필드는 경계 데이터와 통계 데이터에 공통적으로 존재해야 하는 것이 당연한데, 이와 함께 데이터형식(예를 들면 정수형, 텍스트형 등)도 일치시켜야 한다. 하지만 유감스럽게도 경계 데이터의 지구 코드 필드는 텍스트형 데이터인데 반해 통계 데이터의 지구 코드 필드는 정수형 데이터로 되어 있다. 따라서 여기서는 경계 데이터의 지구 코드 데이터형식을 정수형으로 변환해주어야 한다. 변환방법은 경계 데이터의 속성 테이블에서 새롭게 정수형 필드를 추가한 다음 지구 코드 정보를 이 필드에 복사하면 된다.

7.4.2 지역 메쉬 통계 데이터의 작성

이 항에서는 앞 항에서 작성한 정정(町丁) · 자(字)를 단위로 하는 통계 데이터를 가공하여 기준지역 메쉬를 단위로 하는 통계 데이터를 작성한다. 우선 기준지역 메쉬에 관한 면(polygon)을 획득한 다음, 이들 면(polygon)으로 이루어진 레이어와 앞 항에서 작성한 레이어를 합쳐 원하는 지역 메쉬 통계 데이터를 구한다.

1) 지역 메쉬 폴리곤 획득

지역 메쉬 폴리곤에 대해서는 ESRI Japan의 support 사이트에 '표준지역 메쉬 · 폴리곤 작성 유틸리티'가 있으므로 이 항에서는 이것을 이용한다. 단, 이 사이트에 들어가려면 이 회사 제품의 정식 사용자에게 배포하는 ID와 패스워드가 필요하다. 이 유틸리티는 경위도를 바탕으로 정의된 표준지역 메쉬 중 2, 3, 4차 메쉬의 폴리곤을 작성하는 것이지만, 여기서는 이것을 이용하여 3차 메쉬(즉 기준지역 메쉬) 폴리곤을 작성한다. 표준지역 메쉬 시스템에 대한 상세한 내용은 가와나베(河邊, 1985)[3]나 오토모(大友, 1997)[4] 등을 참조하기 바란다.

앞서 말한 유틸리티를 이용해 메쉬 폴리곤을 작성하기 위해서는 먼저 해당 페이지의 지시에 따라 폴리곤 작성을 위한 파일을 다운로드하고, 이 파일을 ArcMap에서 연다. 이때 작성할 메쉬의 형태와 그 범위(1차 메쉬 코드로 지정)를 선택하는 화면이 나타나므로 메쉬의 형태에 대해서는 3차 메쉬, 범위에 대해서는 구 사가미하라시가 위치하는 1차 메쉬(코드 : 5339)를 선택한다. 이렇게 작성된 폴리곤 레이어를 구 사가미하라시 레이어와 겹친 것이 그림 7.7이다. 또한 겹칠 때 좌표계에 주의하라는 메시지가 나타난다. 이 메시지는 해당되는 두 레이어의 좌표계가 다른 경우에 나타나며(구 사가미하라시 레이어가 평면 직각 좌표계의 제9계인데 반해 폴리곤 레이어는 지리좌표계), 문자 그대로 그에 해당하는 경우에는 주의를 요하지만 여기서는 이 메시지를 무시(즉 이해라고 응답)해도 전혀 문제가 없다(다카바시(高橋) 2005, pp.90~92[1] 참조).

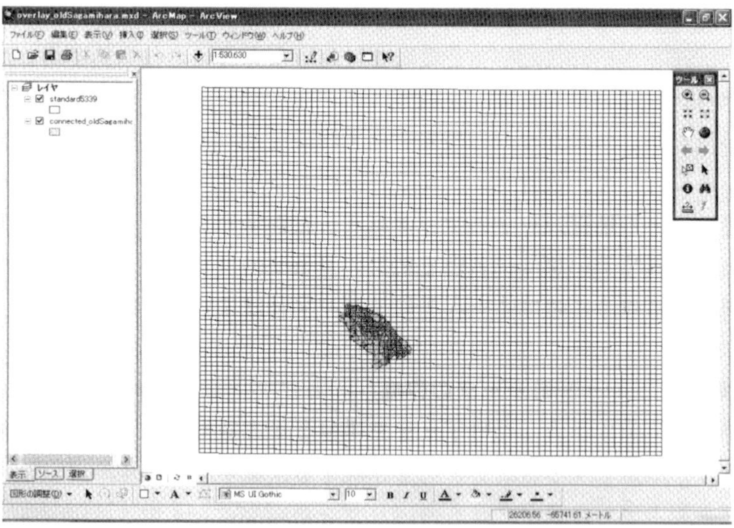

그림 7.7 구 사가미하라시 레이어와 기준지역 메쉬 폴리곤 레이어의 겹침

2) 기준지역 메쉬를 단위로 하는 통계 데이터 작성

그림 7.7에서 알 수 있듯이 작성된 기준지역 메쉬 중 구 사가미하라시의 시역과 오버랩된 곳은 매우 일부이기 때문에 먼저 이들 메쉬만을 선택할 필요가 있다. 이러한 작업을 위해서는 ArcMap의 '공간 검색' 명령어를 이용하면 된다. 여기서는 이 명령어에서 메쉬의 중심이 구 사가미하라시의 시역에 포함되는 것만 선택하도록 지시한다.

메쉬 선택이 끝나면 7.3.3항의 정정(町丁) · 자(字)별 인구에서 거리대별 인구를 산출했을 때와 똑같은 요령으로 정정(町丁) · 자(字)별 통계 데이터에서 기준지역 메쉬별 통계 데이터를 작성한다. 즉 '인터섹트' 명령어를 이용하여 정정(町丁) · 자(字)의 구획을 분할한 후 '디졸브(Dissolve)' 명령어를 이용하여 분할 완료 구획을 기준지역 메쉬 단위로 통합한다. 또한 여기서 얻어진 통계 데이터는 앞 항에서의 경계 데이터와 결합(Join)할 때 선택된 변수(총인구, 0~4세 인구, 65세 이상 인구, 20~39세 여성 인구)만이다.

7.4.3 3개의 측도 산출과 그 분포도 작성

앞 항에서의 작업결과 구 사가미하라시 범위에서 기준지역 메쉬를 단위로 하는 몇 가지 변수를 얻었으므로 이 항에서는 이들 데이터로 3개의 측도(노년 인구 비율, 여성 어린이 비율, 인구 포텐셜)를 구하고 그 분포도를 작성한다.

1) 노년 인구 비율 산출과 그 분포도 작성

노년 인구 비율은 총인구에 대한 노년 인구(65세 이상 인구)의 비율이므로 필드 연산에 의해 쉽게 산출할 수 있다. 그림 7.8은 그 분포를 나타낸 것이다. 그림에 의하면 남동부의 주택지역에서 높은 수치를, 북서부의 공업지역에서 낮은 수치를 보이며, 그 격차는 최대 3배가 넘는 것을 알 수 있다.

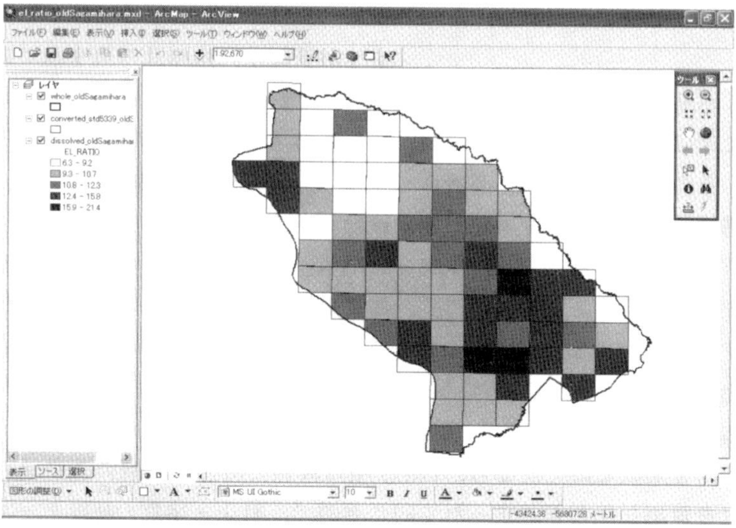

그림 7.8 **구 사가미하라시의 노년 인구 비율 분포(2000년)**

2) 여성 어린이 비율 산출과 그 분포도 작성

여성 어린이 비율은 재생산연령, 즉 15~49세 여성 인구에 대한 0~4세 인구의 비율로 정의된다. 일반적으로 0~4세 인구는 과거 5년간의 출생수와 가깝기 때문에 이 비율은 어떤 이유로 출생수 데이터를 얻을 수 없는 경우 출생률 수준을 센서스 결과에서 구하는 경우에 자주 쓰인다.

또한 여성 어린이 비율은 장래 인구추계 방법 중 하나인 코호트 변화율법(하마 · 야마구치(濱 · 山口), 1997)[2] 참조)에 빼놓을 수 없는 지표이기도 하다. 코호트 변화율법이란 두 시점의 성 · 연령계급별 인구만으로 장래 인구를 추계하는 방법인데, 이 방법에서 여성 어린이 비율은 장래 출생수 추계에 사용된다. 앞서 말한 것처럼 '지도로 보는 통계(통계 GIS)'에서는 2000년과 2005년도 센서스 데이터가 제공되고 있으므로 코호트 변화율법에 의한 장래 인구추계가 가능하며 '통계 GIS 플라자' 시대에 비해 분석의 폭은 넓이 넓어졌다.

한편 일본의 경우 15~19세와 40세 이상의 여성 출생률은 매우 낮기 때문에 이 항에서는 (하마 · 야마구치(濱 · 山口), 1997)[2]에 따라 20~39세

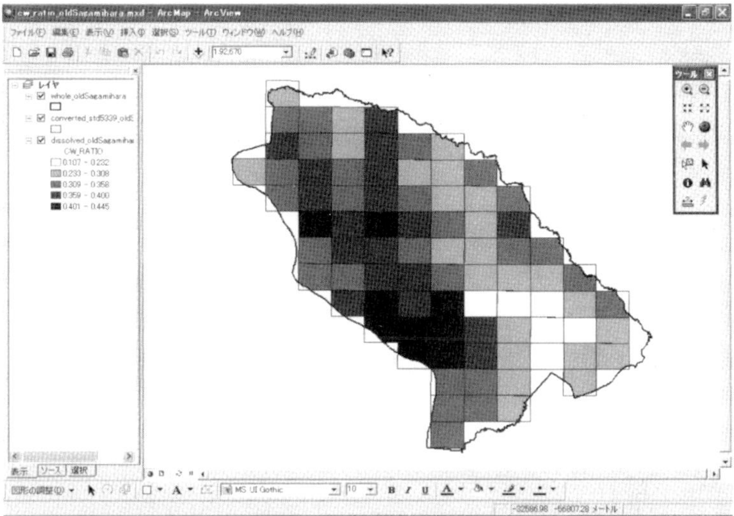

그림 7.9 **구 사가미하라시의 여성 어린이 비율 분포(2000년)**

여성 인구에 대한 0~4세 인구의 비율을 여성 어린이 비율로 한다. 그림 7.9는 이렇게 산출한 여성 어린이 비율의 분포도이다. 그림에 의하면 인구밀도가 낮은 남서부가 높고, 반대로 고령화가 진행된 남동부는 낮음을 알 수 있다.

3) 인구 포텐셜 산출과 그 분포도 작성

인구 포텐셜은 지역인구분석에 있어서 중요한 개념 중 하나로, 어떤 지역에 대해 그 주변 지역의 인구가 영향을 미치고 있을 때 그 영향을 줄 수 있는 잠재력의 총합을 의미한다. 어떤 지역 i의 인구 포텐셜을 v_i라고 하면

$$v_i = k\sum_j \frac{p_j}{d_{ij}}$$

로 나타낼 수 있다. 여기서, k는 정수, p_j는 지역 j의 인구, d_{ig}는 지역 ij간의 거리를 나타낸다. 또한 윗 식의 p_j/d_{ij}가 지역 j의 잠재력을 나타낸다. 물론 지역 i는 자신의 인구 p_i의 영향도 받지만 그 잠재력을 p_j/d_{ij}

로 평가하려고 하면 분모가 0이 되어 계산할 수 없다. 단, 지역 메쉬처럼 지역의 형상이 모두 같다면 자기 지역의 잠재력을 $2p_i/r_i$(단, r_i를 원으로 보았을 때의 반지름)으로 대략 평가할 수 있으므로 이 항에서는 이 평가 방법을 이용한다.(이노우에(井上), 2007[5] 참조)

인구 포텐셜의 정의에서 알 수 있듯이 이 값을 산출하기 위해서는 메쉬 간의 거리를 구할 필요가 있으며, 그러기 위해서는 메쉬의 중심 좌표치가 구해져야 한다. ArcMap에서는 폴리곤 중심점의 좌표를 구할 수 있지만 전용 명령어는 없기 때문에 실제 계산을 할 경우에는 헬프를 참조하면서 작업해 나가기 바란다. 또한 이 작업에 의해 구해진 좌표치의 좌표계는 해당 폴리곤의 것과 일치하므로 평면 직각 좌표계(제9계)가 된다. 따라서 정정(町丁)·자(字)의 경계 데이터에 포함된 좌표치(앞서 말한 것처럼 이 좌표는 지리좌표계로 나타남)와는 달리, 구해진 값을 거리공식에 직접 대입하면 메쉬간의 거리를 산출할 수 있다.

이렇게 해서 산출된 인구 포텐셜의 분포를 나타낸 것이 그림 7.10이다.

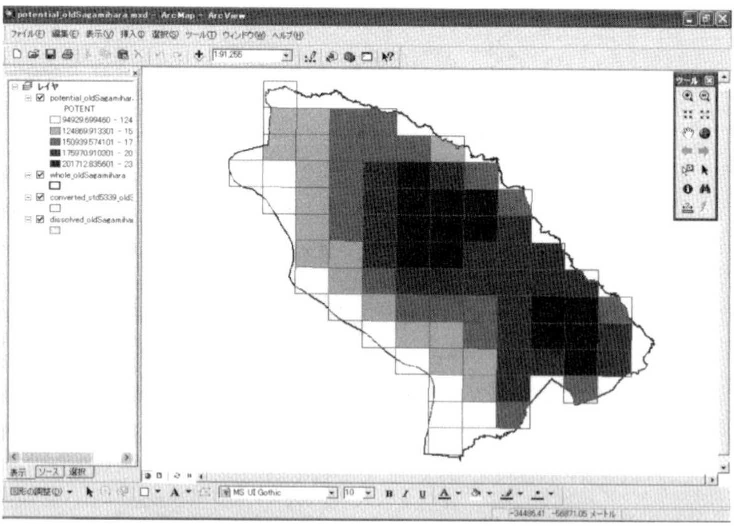

그림 7.10 **구 사가미하라시의 인구 포텐셜 분포(2000년)**

이 그림은 인구밀도분포도(그림 7.2)의 구 사가미하라시 부분과 비슷해 보이지만 중앙 부근 인구밀도가 낮은 지역의 값이 상대적으로 높고, 또한 경계 부근의 메쉬는 모두 값이 낮다. 대상지역의 중앙 부근이 높고 주변부가 낮은 것은 인구 포텐셜 분포에서 자주 나타나는 경향이며, 이 항의 계산 결과는 이런 일반적 경향과 일치하는 것으로 판단할 수 있다.

인용문헌

1) 高橋重雄・井上　孝・三條和博・高橋朋一編（2005）：事例で学ぶ GIS と地域分析－ArcGIS を用いて－，180p，古今書院.
2) 濱　英彦・山口喜一編著（1997）：地域人口分析の基礎，235p，古今書院.
3) 河邊　宏（1985）：地域統計概論，195p，古今書院.
4) 大友　篤（1997）：地域分析入門［改訂版］，307p，東洋経済新報社.
5) 井上　孝（2007）：人口ポテンシャル概念と小地域人口統計. 統計，**58**(12)：12-16.

8 산림과 GIS

8.1 산림관리와 GIS[1~5)]

8.1.1 CGIS에서 시작된 산림 GIS

컴퓨터로 지리정보를 처리하는 최초의 시도는 1950년대에 미국 공군에 의해 개발된 반자동식 방공 관제 조직 SAGE(Semi Automatic Ground Environment)인 것으로 알려져 있다. 그러나 GIS의 원형이라고 할 수 있는 것은 1966년 캐나다의 톰린슨(Tomlinson)에 의해 개발된 CGIS (Canada Geographic Information System)이며, 이는 캐나다의 광대한 산림과 토지를 관리하기 위한 시스템으로 개발된 것이다. 그래서 GIS는 캐나다에서 출생된 것이라고도 한다.

GIS는 지도와 그 속성을 나타내는 데이터를 일원적으로 관리할 수 있는 데이터베이스이며, 지리정보를 효율적으로 보관 · 검색 · 수정 · 변환 · 분석 · 표시 · 출력할 수 있다. 하지만 이는 GIS의 한 측면에 불과하며, GIS에는 중첩(overlay) 기능이나 버퍼링(buffer) 기능을 비롯한 각종 공간분석기능이 있으며 이러한 기능은 산림을 조닝(zoning)할 때 크게 도움이 된다. 또한 주민참가형 산림계획을 작성할 경우에는 정보를 공유하는 수단으로 쓰여 산림 GIS는 없어서는 안 될 도구이다. 복잡 · 다양하고 광범위한 자연을 상대로 하는 산림 · 임업관계자에게는 그야말로 컴퓨터에 의한 업무보조와 업무지원이 필요한데 그런 면에서 볼 때 산림 GIS는 매우 중요하다.

8.1.2 산림 GIS의 특징

GIS를 지역의 산림정보관리에 응용한 시스템을 '산림 GIS'라고 일컫는다. 산림 GIS의 대상은 산림이며, 토지구획은 '임소반(林小班)'을 단위로 하여 벡터데이터의 면 형태(polygon type)로 작성되고 있다. 여기서 '임반(林班)'이란 산림을 반영구적이고 고정적으로 구분할 때의 구획이며, 일반적으로 산등성이나 계곡 같은 자연지형선이나 도로 등을 경계로 한다. '소반(小班)'이란 임반의 내부를 산림의 종류와 속성 정보의 차이에 따라 일시적으로 구분할 때의 구획이다. 수목의 위치를 벡터데이터의 점 형태(point type)로 표시하는 것은 대경목(大徑木)이나 명목(名木) 등의 경우를 제외하고는 아직 일반적이지 않지만 점차 증가할 경향을 보인다. 임도나 작업도 같은 도로망은 벡터데이터의 선 형태(line type)로 표시된다. 기본이 되는 지도는 국유림인지 민유림인지에 따라 약간 다른데 민유림의 경우는 항공사진의 도화 성과를 바탕으로 작성된 축척 1/5,000의 산림기본도이며, 등고선, 행정구역, 임반계가 기입된다. 여기에 소반계, 임도, 산림의 종류 등을 기입한 도면을 '산림계획도'라고 한다.

산림 GIS의 속성 정보에는 보통 '산림부' 데이터가 쓰이고 있다. '산림부'란 1필지마다 산림의 정보가 기입된 장부로서, 전산화된 것을 도도부현이 관리하고 있다. 산림 소유자 같은 개인정보도 포함되어 있기 때문에 산림부는 비공개 데이터이다. 또한 산림부는 기본적으로 현황을 나타내는 장부이기 때문에 GIS의 속성 정보로는 충분하지 못하다. 과거의 산림정비나 시책 이력 같은 정보도 포함된 형태의 차세대 산림부를 구축할 필요가 있다.

8.1.3 산림 GIS에서 사용되는 기초 데이터

산림 GIS에서 사용되고 있는 주요 기초 데이터는 다음과 같다. 산림

GIS는 도도부현이 보유하고 있는 산림계획도를 배경 영상으로 사용하고 있으며, 공간데이터는 산림계획도로 작성된 임소반 면(polygon) 데이터를 사용하고, 속성데이터는 산림부의 정보를 사용한다. 산림부에는 인공림에 대한 정보는 수종별, 임령별로 자세히 기재되었지만, 천연림에 대한 정보는 자세히 기재되어 있지 않은 경우가 많다.

천연림에 관한 정보원으로는 환경청이 작성한 현존 식생도를 이용하는 경우가 많다. 현존 식생도는 환경청이 1973년부터 시작한 '녹지의 국세조사' 성과를 디지털화한 것 중 하나로, 생물다양성 센터의 홈페이지 '생물다양성 정보시스템(J-IBIS)'에 공개되고 있다. 또한 이들 정보는 '자연환경정보 GIS'로 CD-ROM에 수록되어 공적 기관에 배포되고 있다. 환경청의 현존 식생도에 관해 사용상의 문제가 있다면 인공림이 일괄 표시되는 것이다. 예를 들면 삼목림과 노송림이 구별되지 않고 삼목·노송림으로 표시되어 있는 것이다.

국토교통성 국토지리원의 수치지도 1/2,500(공간데이터 기반)과 수치지도 1/25,000(지도 영상)은 기본 데이터로 이용되고 있다. 또한 수치지도 50m 메쉬 데이터(표고), 50m의 DEM(digital elevation model : 수치 표고 모델)은 경사나 방위분석 뿐만 아니라 표고차, 기복도, 노출도, 집수면적(집수역적산)을 산출하거나 일조분석에도 이용되고 있다. DEM은 영상을 3차원으로 표시할 때에도 이용된다. 한편 임도(林道)설계나 치산(治山)* 공사 등에서 토량계산을 하는 경우에는 50m 메쉬보다는 등고선 데이터를 이용하여 독자적으로 DEM을 작성하거나 시판되는 10m 메쉬 DEM을 이용한다.

8.1.4 산림 GIS 포럼에 의한 보급·확산 활동

1994년 4월 일본의 산·관·학 조직인 산림 GIS 포럼이 설립되어 연구회나 심포지엄을 개최하는 등 보급·확산 활동이 활발하게 이루어져 왔

* 역주. 산사태나 수해 등을 방지하기 위해 나무를 심는 등 산을 관리하고 손질하는 것

다. 그 결과 일본에서는 1990년대 후반부터 산림 GIS가 행정에 본격적으로 도입되었으며 지금은 대부분의 도도부현에 산림 GIS가 도입되어 있다. 또한 시정촌 사무소나 산림조합에도 확실하게 보급되어 있다. 하지만 산림 GIS는 초기에는 많이 보급되지 않았다. 그 이유는 임소반 면(polygon) 데이터 구축 같은 초기 데이터 정비에 막대한 비용이 필요했고, 속성 데이터의 변경체제가 갖추어지지 않았으며, 산림 GIS에 관한 기술자들도 부족했던 점 등 여러 가지 문제점이 있었다. 또한 산림 GIS에 대한 이해와 인식이 산림 관계자들마다 크게 다르다는 것도 요인 중 하나였다. 산림 GIS를 크게 분류하면 행정용, 산림조합용, 임업가용, 연구기관용 등 4가지 타입으로 구분할 수 있다.

8.1.5 행정용 산림 GIS의 발전단계

행정용 산림 GIS의 발전단계는 네 단계로 구분할 수 있다. 제1세대 산림 GIS는 임소반 면(polygon) 데이터를 작성하고 여기에 산림부의 정보를 속성 정보로 맵 조인(map join)시킨 것이다. 도도부현에 도입되어 있는 산림 GIS의 대부분이 이 세대의 산림 GIS이다. 제2세대 산림 GIS는 종이지도 등 기존의 지리정보를 벡터화함으로써 GIS 데이터를 구축 · 입력하고, GIS의 공간분석기능을 이용하여 분석함으로써 목적에 맞는 새로운 주제도를 작성하는 것이다. 기존 자료를 베이스로 하여 '산림 기능 평가 구분도' 등을 작성하는 경우가 이에 해당한다. 제3세대 산림 GIS는 리모트센싱 정보 등의 모니터링 결과와 신규 산림정보를 도입하여 분석하는 단계이다. 리모트센싱을 광역 모니터링 방법으로 응용함과 동시에 이들 정보를 정기적으로 분석하고 시계열 정보로 정비해나가는 단계이다. IKONOS나 QuickBird 등의 고해상도 위성영상을 이용함으로써 이 분야의 연구와 응용은 급속히 발전되었다. 제4세대 산림 GIS는 인터넷을 이용한 '주민참가형 산림 GIS'이다. GIS에서는 항상 최신 정보를 등록해가는 것이 요구되는데, 환경을 모니터링하는데 있어서 항공에서의 리모트센싱이나 기상관측 로봇 같은 정점 관측으로는 아무래도 파악하지 못하는 정보도 많다. 예를 들어 야생생물의 생식분포 정보 등은 현장조사에 의해 정보를 수집할 수밖에 없다. 따라서 주민이나 시민 또는 환경 NPO 등에 의존한 정보를 지역의 지적재산으로 데이터베이스화하여 공유화할 필요가 있다. 특히 야생동물의 분포 정보를 수집할 경우에 제4세대 산림 GIS가 필요하다.

8.1.6 산림행정용 GIS와 산림조합용 GIS

행정용으로 쓰이는 산림 GIS는 지역이나 시정촌의 시책 또는 산림계획을 작성하기 위해 이용되는 경우가 많다. 주요 사용법은 검색, 분석, 표시, 각종 행정 자료 작성 및 정책이나 계획의 기획입안이다. 어떤 목적으로 쓰이든 산림 GIS를 데이터베이스로 하여 활용해야 한다. 따라서 행정용 산림 GIS는 산림부와 일체화하는 것이 필요 조건이며, 광역을 대상으로 한 각종 검색이나 분석을 빨리 처리할 수 있어야 한다. 또한 산림 GIS에 입력된 데이터는 공공정보와 개인정보까지 포함되어 있기 때문에 데이터베이스에 대한 안전에 만전을 기할 필요가 있다.

한편 산림조합의 경우는 GIS를 산림관리를 위해 사용한다. 따라서 다른 기존 정보시스템 내에 편성하여 서브 시스템으로 이용되는 경우도 많다. 산림 GIS는 검색 결과 표시나 지도 · 도면 작성에 쓰인다. 또한 간벌계획작성 등에도 쓰여 의사결정 지원 시스템으로도 이용되고 있다. 일상업무에서 GIS 데이터를 입 · 출력하므로 업무에 관한 사용자의 편리성이 중시된다. 산림조합용으로 쓰이는 산림 GIS의 특징으로는 각 산림의 이력정보를 다루어야 하는 필요성을 들 수 있다. 즉 육림(育林)기록 등을 GIS의 데이터베이스로 등록하고 이용하는 기능이 필요하다.

한편 임업가용 산림 GIS에 요구되는 것은 지도가 첨부된 가계부 같은 것이므로 각 임업가의 재량에 맡기면 된다. 하지만 산림계획 신청 수속 등의 디지털화를 위해 임소반 면(polygon) 공간데이터나 속성데이터를 임업가, 산림조합, 지자체 사이에 공유할 수 있는 구조로 표준화할 필요가 있다.

8.1.7 임업시험장형 산림 GIS

산림 GIS의 데이터가 정비화됨에 따라 산림 GIS의 유용성과 필요성도 널리 인식되어 더욱 고도의 공간분석기능을 요구하는 일이 늘고 있다. 공간분석결과는 산림 기능 평가나 산림 조닝에 응용되기도 하고, 정책 입안 자료로 쓰이기도 한다. 행정용 산림 GIS에 비해 더욱 고도의 공간분석결과를 제공하는 역할을 맡을 조직이나 기술자 집단이 필요하며, 이러한 역할을 맡는 산림 GIS를 여기서는 '임업시험장형 산림 GIS'라고 부르기로 한다.

'임업시험장형 산림 GIS'란 고도의 공간분석기능을 구사하여 얻어진 분석결과와 연구성과를 행정용이나 산림조합용 산림 GIS에 제공하는 역할을 담당하는 것이다. 즉 리모트센싱, GPS, 인터넷 등을 비롯한 IT 첨단 기술을 활용하여 각각의 지역에서 새로운 산림 GIS 정보를 작성하고 제공는 것이다.

8.2 바이오리전(Bioregion) GIS[6,7]

8.2.1 바이오리전(Bioregion) 개념

바이오리전(bioregion)이란 '생명지역'이라고 해석할 수 있으며 기후, 지형, 유역, 토양, 야생생물 등 그 지역 고유의 독특한 자연에 의해 정해진 지역생명권을 일컫는다. 또한 이러한 자연환경에 순응하여 조화를 이룬 형태로 살아가는 생활양식이나 도시 기능까지도 포함한 개념이다. 1973년 미국의 피터 버그(Peter Berg)는 '지구 전체를 지키기 위해서 먼저 일부분을 지킬 필요가 있다'는 인식하에 플래닛 드럼 재단(Planet Drum

Foundation)을 설립하고, 지역생태계의 기능 회복과 보전을 목적으로 한 바이오리전 활동을 시작했다. 지금까지 미국 전역은 물론이고 남미에서도 바이오리전 활동이 전개되고 있다.

8.2.2 바이오리전 GIS

일본에서는 1997년 10월에 지리정보시스템학회에 의해 바이오리전 SIG(special interest group)가 설립되고 바이오리전 GIS 활동을 시작했다. 이 SIG는 GIS를 이용한 지역생명권연구에 대해 정보를 교환하는 공간이며, 메일링 리스트(BioGIS@affrc.go.jp)에 등록된 사람이 회원이 된다는 독특한 조직이다. 입회비나 연회비는 무료이고, 매년 1~3회 연구회를 개최하고 있다.

바이오리전 GIS 연구에서는 지역생명권에 관한 공간분포정보 전체가 연구대상이며, 연구범위가 광범위하므로 우선 지역생태계에 관한 자연환경정보를 연구대상으로 하고 있다. 최근 연구과제는 야생생물의 생식분포지역 분석, 생물다양성 분석, 지역생태계의 기능 평가, 산림계획에 대한 응용 등이다.

한편 바이오리전 연구에서 자연환경 데이터를 수집하는 방법에는 다음과 같은 세 가지 형태가 있다. 즉 리모트센싱형, 정점(定點)관측형, 야외조사형이다. 이 중 가장 노력이 많이 들고 혼자서 할 수 없는 연구가 야외조사형 연구이다. 이를 위해 지역생태계에 관한 자연환경정보연구에서는 데이터베이스 구축과 연구자간의 정보교환이 필요하다.

8.2.3 바이오리전 GIS 연구에 있어서 분석방법의 분류

바이오리전 GIS 연구는 사용할 데이터의 질과 양에 따라 분석방법이 다르며, 다음과 같은 세 가지 형태, 즉 데이터베이스형, 표본조사형, 잠재분포역 추측형으로 분류할 수 있다.

1) 데이터베이스형 연구

- 관련된 정보를 최대한 모두 GIS에 입력함과 동시에 부족한 정보는 야외조사 등을 실시하여 보완하는 형태의 연구
- GIS를 데이터베이스로 이용하고 다양한 데이터를 이용해 다각적으로 분석하기 때문에 종합적인 분석 가능

2) 표본조사형 연구

- 샘플조사 지점에서 분석 대상물과 지리적 제조건과의 관계를 GIS를 이용하여 분석하고 그 결과 야생생물 서식지 관계 모델 등의 수식 모델을 구축하여, 대상지역 전체의 분포상황을 GIS 분석기능으로 추정하는 연구

3) 잠재분포역 추측형 연구

- 국토지리원의 DEM이나 환경청의 자연환경 GIS 데이터 등을 이용하여 GIS의 지형분석기능을 통해 각 지역의 잠재적 특성(potential)을 상대적인 지표값으로 평가하는 연구

8.2.4 산림관리를 위한 기준과 지표

1992년 브라질의 리우데자네이루에서 개최된 '환경과 개발에 관한 국제연합회의(United Nations Conference of Environment and Development : UNCED)', 소위 '지구 서미트'에서는 21세기를 향한 인류의 행동계획 '아젠다 21'이 채택되었다. 또한 '기후변화 시스템 조약'과 '생물다양성 조약'도 채택되어 '산림원칙 성명'이 발표되었다. 산림원칙 성명에서는 산림을 생태계로 다루어 산림보전과 이용을 양립시키고, 산림에 대한 다양한 요구에 영속적인 대응 및 지속가능한 산림경영을 목표로 하고 있다.

이를 받아들여 지속가능한 산림경영을 위한 구체적인 기준과 지표가 지역별로 정해졌다. 여기서 '기준'이란 지속가능한 산림경영을 구성하는

요소를 말하며, '지표'란 기준을 계측 · 묘사하기 위한 것으로 그 변화를 비교 · 분석함으로써 산림관리가 지속가능한 방향을 향하고 있는지 여부에 대해 판단하기 위한 것이다.

일본은 유럽 외의 온대림을 대상으로 한 몬트리올 프로세스에 가맹되어 있는데 여기서는 산림관리를 위해 7개 기준과 67개 지표를 제시하고 있다(표 8.1). 기준의 제1원칙은 생물다양성의 보전이다. 목재 생산활동은 기준 6에 포함되어 있으며, 표 8.1에서 보면 알 수 있듯이 산림계획이나 산림관리에 있어서 첫 번째로 고려해야 할 것은 생물다양성의 보전과 산림생태계의 유지이며, 그런 조치를 한 후에 임업활동에 임해야 한다. 따라서 GIS를 이용하여 산림공간 분석시 몬트리올 프로세스 기준을 항상 고려해야 한다.

표 8.1 **몬트리올 프로세스의 기준**

[기준 1]	생물다양성의 보전
[기준 2]	산림생태계의 생산력 유지
[기준 3]	산림생태계의 건전성과 활력 유지
[기준 4]	토양 및 수자원의 보전과 유지
[기준 5]	지구적 탄소환경에 대한 산림의 기여 유지
[기준 6]	사회의 요구를 만족시키는 장기적, 다면적인 사회 · 경제적 편익 유지 및 증진
[기준 7]	산림보전과 지속가능한 경영을 위한 법적, 제도적 및 경제적 시스템

8.2.5 에코톱(Ecotope) 분석

산림계획을 작성할 때 가장 먼저 다루어야 할 과제는 대상이 되는 산림공간에 대한 토지이용계획의 큰 틀을 정하는 것이지만 실제로는 어렵다. 왜냐하면 가치관이 다양화되어 있는 현대 사회에서 산림에 대한 요구는 실로 다양하며, 이렇게 다양한 요구 중에서 어떤 요구를 우선시하여 산림배치를 해나갈 것인지는 늘 문제가 되는데, 그럴 경우 판단기준이 되는 것은 대체성과 희소성이다. '대체성'이란 보호해야 할 구역을 대신할 만큼 같은 조건의 구역이 다른 곳에도 있는지에 관한 여부이며, '희소성'이란 그런 구역이 희소가치를 가지고 있는지에 관한 여부이다. 예를 들면 깊은 산중의 원생적인 천연림은 대체성이 낮고 희소성이 높기 때문에 최우선적으로 보호해야 할 대상이 된다.

일반적으로 넓은 산림공간에 대해 산림배치를 고려할 때 우리는 모든 장소에 대한 충분한 정보를 가지고 있지는 않다. 주변에서 구할 수 있는 정보는 많은데 반해, 깊은 산중이나 교통이 불편한 곳에 대한 정보는 질과 양이 모두 떨어지는 편이다. 이처럼 정보의 격차가 존재하는 가운데에서 토지이용계획의 큰 틀을 정해야 하는 것이다. 따라서 GIS를 응용한 에코톱 분석에 의해 대체성과 희소성을 평가 · 검토한다.

경관생태학(landscape ecology)에서는 경관을 구성하는 지형, 지질, 토양 등의 무기적 세계를 '피지오톱(physiotope)'이라 하고, 생물적 세계를 '비오톱(biotope)'라 한다. 그리고 이 둘을 조합한 단위공간을 '에코톱(ecotope)'이라고 한다. 에코톱은 지형, 토양, 식생 등의 각 요소가 균일하다고 보는 구역이며, 경관을 구성하는 기본단위이다. GIS를 이용한 경관생태학적 분석에서는 표고구분도, 경사구분도, 방위구분도, 토양구분도, 그리고 식생구분도 같은 주제도를 중첩(Union)했을 때 생기는 구획의 최소단위를 에코톱으로 본다.

그림 8.1은 GIS를 이용하여 작성한 에코톱 출현빈도 분포도의 예이다. 색이 짙은 곳일수록 출현빈도가 높고 대체성이 높음을 의미한다. 출현빈도가 낮은 에코톱은 환경조건이 그 지역에서는 드물어 대체성이 낮음을 의미한다. 대체성이 낮은 에코톱에는 그 환경조건에서만 볼 수 있는 생물이 생식할 가능성이 있기 때문에 환경보전상 취급에 주의를 요한다.

한편 실제로 에코톱 분석을 할 때에는 래스터 데이터로 구축하고, 각 셀이 가지고 있는 정보를 코드화하여 각 코드를 조합시킨다. 예를 들면 식생도, 토양도, 경사구분도, 방위구분도의 4가지 주제도를 사용하여 에코톱 분석을 할 경우에는 각 주제도의 카테고리수가 1행인 경우 다음과 같이 조합시킨다.

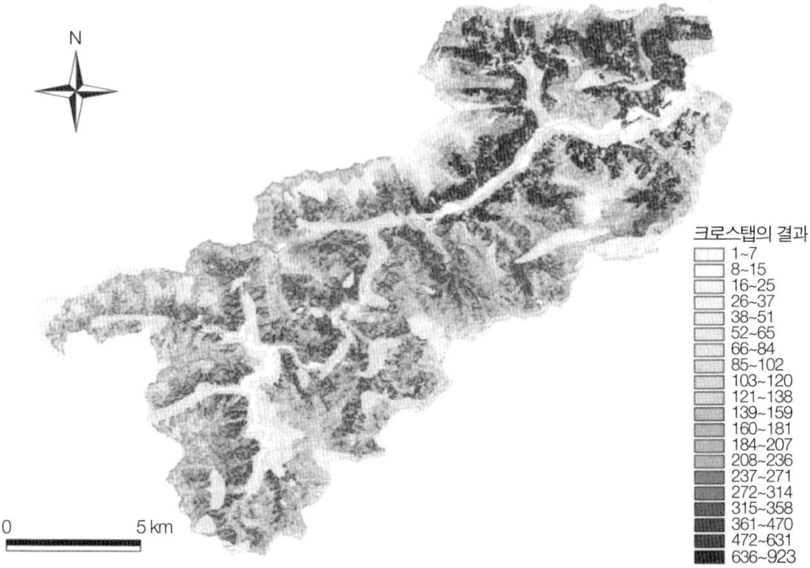

그림 8.1 **에코톱 출현빈도 분포도(미에현 구 미야가와무라)**[3)]

조합된 코드
= 식생 코드×1,000 +토양 코드×100 +경사 코드×10 +방위 코드

8.2.6 토양 선호성 분석

각 생물이 어떤 환경을 선호하는지에 대해서는 제이콥의 선호지수(Jacobs index)로 판단할 수 있다. 제이콥의 선호지수는 1974년 위르겐 제이콥(Jürgen Jacobs)에 의해 제창된 지표로, 어류의 포식에 관한 선호성을 수량화한 것이다. 현재 어떤 환경에서 물고기가 포식하고 있는 먹이 중 어떤 먹이 A가 차지하는 비율을 r이라 하고, 먹이 전체에서 먹이 A가 차지하는 비율을 P라 하면 제이콥의 선호지수 D는 다음의 식으로 나타낸다.

$$D = \frac{r - P}{r + P - 2rP}$$

여기서 D는 −1~1의 값을 취하며, 값이 음수(−)이면 먹이 A를 적극 피하고, 값이 양수(+)이면 먹이 A가 적극적으로 선택되고 있는 것으로 분석할 수 있다.

제이콥의 선호지수는 원래 물고기의 포식에 관한 선호성을 정량적으로 나타내는 지표이지만, 최근 산림계획과 경관생태학 분야에 응용하여 식생에코톱에 대한 선호성의 정량적 지표로 사용하는 경우가 많다. 현재 물고기를 식생으로 치환하면 먹이에 해당하는 것이 환경조건이 된다. 따라서 위의 식에서 r은 대상 식생이 서식하는 지역 중에서 어떤 환경조건 A가 차지하는 면적비율이고, P는 대상지역 전체에서 환경조건 A의 면적비율이다. 이렇게 해서 분석 대상이 된 식생이 그 환경조건을 적극적으로 피하고 있는지, 선택하고 있는지를 정량적으로 나타낼 수 있다. 또는 그 식생이 특정 환경조건에 따르고 있는지, 아닌지의 여부를 정량적으로 나타낼 수 있다. 따라서 제이콥의 선호지수를 이용함으로써 특정 생물종에 대한 생식지 포텐셜 맵(잠재적 가능성 지도)을 작성할 수 있다.

8.2.7 서식지 평가 절차(Habitat Evaluation Procedure:HEP)

'서식지 평가 절차(habitat evaluation procedure : HEP)'는 1980년 미국어류야생생물국에 의해 개발된 정량적 생태계 평가방법이다. HEP는 '모든 토지는 야생생물 서식지로서 가치가 있고, 그 가치는 하나의 수치로 지표화할 수 있다'는 가설을 바탕으로 선정된 야생생물의 서식지 적성을 평가하는 것이다.

HEP에서는 다음과 같은 다섯 가지 개념이 단계적으로 적용된다.

1) 적성지수(Suitability Index : SI)

평가 대상인 야생생물에게 있어서 어떤 환경요인이 적합한지 여부를 수치로 나타낸 것이며, 전혀 맞지 않는 경우를 0으로 최적인 경우를 1로 나타낸다(그림 8.2). 그림에서 가로축은 환경요인 상태를 나타내는 지표이며, 예를 들어 사면방위이면 동서남북 등의 구분이 가로축을 구성하는 지표가 된다. 적성지수(SI) 함수는 원래 충분한 조사데이터를 바탕으로 추정해야 하지만 실제로는 충분한 데이터를 갖추지 못한 경우도 있어 그런 경우에는 BPJ(best professional judgment : 전문가의 판단)가 쓰인다. 제이콥의 선호지수(−1~1)를 0~1로 변환한 것을 SI로 쓰는 경우도 있다.

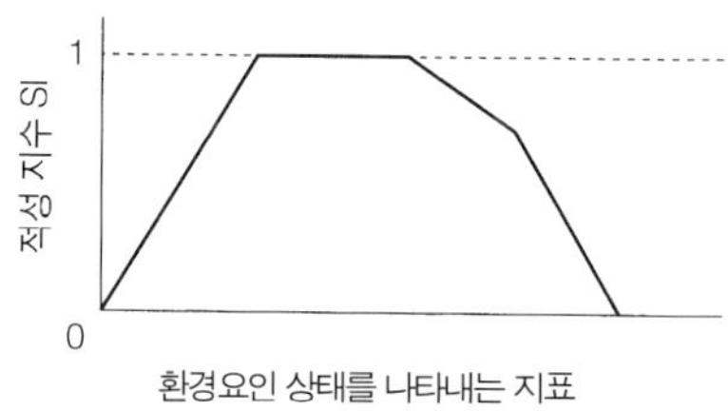

그림 8.2 적성지수(SI)의 개념도

2) 서식지 적성지수(Habitat Suitability Index : HSI)

평가 대상인 야생생물에게 어떤 장소가 서식지로서 적합한지 여부를 다수의 SI를 기초로 종합적으로 판단하고 수치로 나타낸 것이다. 전혀 적합하지 않는 경우를 0, 최적인 경우를 1로 나타낸다. 다수의 SI로 HSI를 추정하는 방법에는 몇 가지 방법이 있다. 예를 들면 SI의 최소값을 이용하는 방법, 수량화 I류를 적용하는 방법 등이 있다.

3) 평균 서식지 적성지수(Average Habitat Suitability Index : AHSI)

평가 대상인 야생생물에게 대상 구역 전체가 서식지로서 적합한지 여부를 나타낸 것이며, 피복타입별 면적을 가중치로 한 HSI의 평균치로 나타낸다.

4) 서식지 유닛(Habitat Unit : HU)

대상 구역 전체의 적성도를 질(AHSI)과 공간(면적)의 곱으로 나타낸 것이다. 즉,

HU＝AHSI×대상 구역의 면적

5) 누적 서식지 유닛(Cumulative Habitat Unit : CHU)

수십 년~100년이라는 먼 장래에 이르기까지 대상 구역 전체의 적성도를

CHU = 질(AHSI) × 공간(면적) × 시간

으로 나타낸 것이다. 식생의 복원 차이에 의한 차를 나타낼 수 있다. CHU를 이용함으로써 환경평가에서 자연생태계의 대상(代償) 미티게이션(mitigation)*을 정량적으로 평가할 경우, 환경영향에 의한 생태계의 손실과 대상 미티게이션(mitigation)에 의한 생태계의 이익을 비교할 수 있다.

8.2.8 갭 분석[8)](GAP Analysis)

갭 분석(GAP analysis)이란 원래는 야생생물의 실제 생식분포 범위와 보호구역 간의 차이(gap)를 GIS를 이용해 신속하게 비교하기 위한 분석이며, 1988년 미국에서 시작되었다. 오늘날에는 좀더 넓은 의미로 쓰이고 있는데 생물자원이나 생태계를 관리하기 위해 필요한 분석을 생물학, 생태학, 지리학 등을 기초로 하여 이루어지고 있다. 갭 분석에서는 야생생물의 생식분포 정보, 식생도, 지형도, 토양도, 각종 기상 정보도, 토지소유 구분도, 조수보호구역도 등의 지리정보를 GIS를 이용하여 분석하고, 야생생물 서식지 관계 모델 같은 수학 모델을 이용해 야생생물의 보호관리 수준과 생물다양성의 상태 등을 분석한다. 한편 종(種)이 풍부한 지역이나 풍부할 것으로 추정되는 지역을 핫 스팟이라 하고, 보호체제를 확립하는 데 있어서 중요한 지점이 된다.

갭 분석의 특징은 사전대책형(proactive) 보호책을 입안하기 위한 분석

* 역주. 대상 미티게이션은 인간의 활동으로 발생하는 환경영향의 대상(代償) 또는 보상(補償)으로 대체 자원 및 환경을 치환하여 제공하는 것으로, 환경에 미치는 영향의 대상조치(代償措置)를 의미. 예를 들어 갯벌을 매립할 경우 소실되는 갯벌의 대상으로 근방에 인공갯벌을 조성하는 것을 의미(박종화, 2008, 대상미티게이션, 한국관개배수 15(1), p.70)

이라 할 수 있다. 즉 희소한 동 · 식물이 감소하고 생물다양성이 없어지기 전에 현 시점에서 획득 가능한 정보를 사용하여 설령 이들 정보가 불완전하거나 불충분하다 할지라도 현재 보호상황을 빨리 파악하여 그 결과를 바탕으로 보다 효과적인 보호책을 서둘러 강구하고자 하는 것이다. 즉 갭 분석은 대상이 되는 야생생물의 생식 가능성을 포텐셜 맵으로 표시하고, 그 정보를 바탕으로 사전대책형(proactive) 보호책을 입안하는 것이다. 일반적으로 우리가 대상지역의 자연환경이나 산림상태를 충분히 상세히 파악한다는 것은 어렵기 때문에 불충분한 정보라도 이를 바탕으로 포텐셜 맵을 작성하고, 그 결과를 토대로 선행적인(proactive) 시점에서 자연환경을 보호 · 보전해 나가려고 하는 것이다.

8.3 GIS를 응용한 경제림의 적지분석[7)]

지속가능한 사회구축이라는 관점에서, 재생 가능한 생물자원인 산림자원을 유효하게 이용해 나가는 것이 중요하며, 이를 위해 바이오리전 활동이나 산림 조닝에서는 경제림의 적지분석이 매우 중요하다고 볼 수 있다. 여기서는 GIS를 응용한 경제림 적지분석의 대표적인 예로 임지 생산력 분석, 임도 버퍼 분석을 소개하겠다.

8.3.1 임지 생산력 분석

수목의 직경성장은 입목밀도의 영향을 크게 받지만, 수목성장은 입목밀도의 영향을 거의 받지 않는다. 이러한 성질을 이용하여 산림관리에서는 수고(樹高)가 임지 생산력의 지표로 사용되고 있으며, 지위지수(地位指數)가 도입되고 있다. 지위지수란 어떤 정해진 임령(林齡)일 때의 상층목 평균 수고(樹高)로 주어진다. 예를 들면 삼목이나 노송의 경우는 임령 40년을 기준 임령으로 보며 이때 평균 수고가 20m이면 지위지수 20으로 본다.

국소적인 환경요인을 설명변수로 하여 지위지수를 목적변수로 하는 중회귀식은 지위지수 추정식이라고 한다. 이 경우 설명변수에는 기존 데이터베이스나 지도 등으로 알 수 있는 데이터를 사용하면 효율적이다. 다케시타게이지(竹下敬司, 1964)[9]는 항공사진과 지도정보로 읽을 수 있는 데이터, 즉 유효기복량, 노출도, 사면형, 퇴적구분 등으로 지위지수를 간편하게 추정하는 방법을 고안했다. 다케시타법에서 사용되는 각종 지형인자는 다음과 같다.

1) 유효기복량

기복량에 대해서는 여러 가지 정의가 있는데, 다케시타법에서는 구하려고 하는 지점에서 100m 범위 내의 최고점과 그 지점과의 표고차로 정의하고 있다. 유효기복량은 지중수(地中水)의 대소(大小)를 나타내는 인자로 다루고 있다.

2) 노출도

다케시타법에서는 약 3°의 앙각(仰角)*으로 반경 1km의 범위를 둘러봤을 때 산으로 가려지지 않고 하늘이 보이는 수평각도의 합계를 노출도라고 한다. 노출도는 증발산량(蒸發散量)의 대소(大小)를 나타내는 인자로 다루고 있다.

3) 유효저류용량

토층 내에는 조대공극(粗大孔隙)과 조공극(粗孔隙)이 있다. 표층의 조대공극은 강수량의 토중침투에 관해 유도로 역할을 하고, 토중의 조대공극은 배수로 역할을 한다. 한편 토중에 침투한 물은 조공극에 저류되지만

* 역주. 앙각(elevation)은 물체에 대한 관측자의 시선이 지평면과 만드는 각, 지평좌표계로 표시한 고도와 같음

조대공극망이 발달할수록 또는 경사가 급한 곳일수록 배수가 촉진되어 저류량은 감소한다.

다케시타법에서는 1/25,000 지형도를 이용하여 등고선간격을 전부 계측하고 사면형, 퇴적 구분, 경사도 등을 구하여 이런 구분에 따라 유효저류용량을 나타내고 있다. 유효저류용량은 토층이 표면류를 저류하는 능력의 대소(大小)를 나타내는 인자로 다루고 있다.

8.3.2 임도 버퍼 분석

산림의 주요 생산물인 목재는 무겁고 길고 크기 때문에 취급이 어려워 기계나 장치를 이용하게 된다. 최근에는 산림로망을 고밀도로 개설하여 임도와 작업도 연선의 산림을 타워 야더(tower yarder, 집재용 타워를 탑재하고 가선에 통나무를 매달아 집재하는 차량형 기계)나 스윙 야더(swing yarder, 선회 붐을 이용해 가선에 통나무를 매달아 집재하는 차량형 기계 : 그림 8.3) 등의 고성능 임업기계를 이용해 수확하는 경우가 많아졌다. 소위 '도단임업(道端林業)'이라 불리는 것이다.

임업관계자의 말에 따르면 간벌 및 가지치기 등의 육림이 행해지는 것은 최대 임도, 작업도로부터 100m 범위 내이며 수확을 목적으로 한 벌채가 행해지는 것은 최대 400m 범위 내라고 한다. 한편 현장에서 타워 야더의 집재거리는 약 300m이며, 스윙 야더의 집재거리는 약 50m이다. 따라서 임도나 작업도 연선의 산림만 벌채 대상이 된다는 것을 알 수 있다.

GIS의 버퍼링 기능을 이용하면 임도 등으로부터 임의의 등거리권을 추출할 수 있기 때문에 산림의 벌채반출비 등을 평가하는 데 응용할 수 있다. 이런 분석을 임도 버퍼 분석이라 하며, 그림 8.4는 미에현 구 미야가와무라(宮川村)에서 4톤 차량이 목재 시장까지 하루에 4번 왕복할 수 있는 구역에 있는 임도로부터 350m 이내 구역의 인공림을 버퍼링 기능을 이용해 추출한 것이다. 또한 임도 버퍼를 작성할 때에는 버퍼링의 목적을 잘 생각하고 실행해야 한다. 예를 들면 임도 가장자리에서 집재를 목적으로 한 버퍼링을 작성할 때에는 터널이나 다리, 벼랑 등을 제외해야 한다.

그림 8.3 **고성능 임업기계(그래플이 장착된 스윙 야더)**

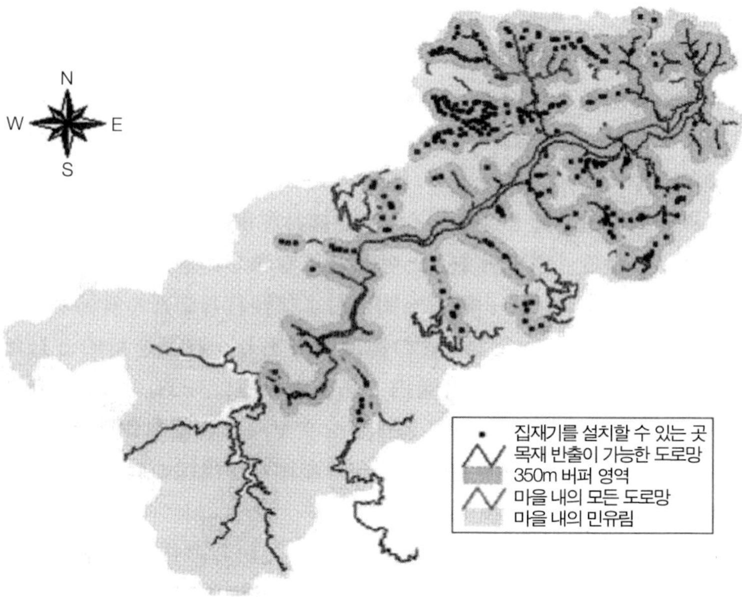

그림 8.4 **4톤 차량이 목재 시장까지 하루에 4번 왕복할 수 있는 구역에 있는 임도로부터 350m 이내의 버퍼 영역**[3)]

8.4 산림 조닝(Zoning)[3,7]

8.4.1 산림 조닝과 GIS

2001년 7월에 성립한 산림 · 임업 기본법 및 같은 해 10월에 수립된 산림 · 임업 기본계획에 의해 일본의 산림은 중시하는 기능에 따라 '수토보전림(水土保全林)', '산림과 인간의 공생림(共生林)', '자원의 순환이용림(循環利用林)' 세 가지로 구분(zoning)되었다. 이른바 산림 조닝의 시작인 것이다. 하지만 여기서는 좀 더 넓은 의미에서의 산림 조닝을 다루기로 한다.

산림을 조닝하는 목적은 산림을 생태계로 관리하고, 지속적인 산림경영 및 산림의 공익적 기능을 보다 적절히 발휘시키기 위해, 그리고 산림정보를 사회에서 공유하며, 지역의 방침이나 정책을 명시하기 위해, 산림을 개발 등으로부터 보호하고 다음 세대를 위한 지속적 관리를 하기 위해서이다. 따라서 산림 조닝을 위해서는 종합적이고 학문적인 자세가 필요하다. 그러나 다종다양한 자연을 대상으로 공간분석을 하고 여기에 사람과 자연의 공생관계나 경제림에 관한 사회적 · 경제적 요인까지 더한다는 것은 매우 어려운 일이다. 종합화할 때는 데이터베이스 구축이나 컴퓨터에 의한 지원이 필요하며, 학제화시킬 때는 이해관계자를 포함해 광범위한 분야의 전문가 참여와 관련 정보 공유가 필요하다. 이렇게 산림 조닝을 진행하기 위해서는 컴퓨터에 의한 분석지원과 정보의 공유화가 필수조건이 되는데, 이런 기대에 따라 줄 수 있는 컴퓨터 시스템이 바로 GIS이다.

8.4.2 수형도(樹型圖)에 의한 산림 조닝

산림을 조닝하려고 하면 산림에 관한 다양한 정보가 필요하다. 특히 최근에는 지속가능한 산림경영이 인류의 공통목적이 되고, 몬트리올 프로세스의 기준에서도 알 수 있듯이 생물다양성 보전까지 배려한 산림관리가 요구되고 있다. 또한 일본에서는 곰, 사슴, 원숭이, 멧돼지 등에 의한 농림업 피해도 증가하고 있어 사람과 자연의 공생은 큰 문제가 되고 있다. 지역주민이나 도시주민에 대한 요구로는 수자원 함양, 토사 피해 방지, 레크리에이션 기능의 충실 등이 요구되고 있다.

산림을 조닝해나가는 순서는 먼저 그 지역의 자연환경 현상과 역사에 대해 관계자 간 정보를 공유하는 것부터 시작된다. 산림 GIS는 데이터베이스로서, 그리고 정보를 공유하기 위한 도구로서 중요한 역할을 한다. 다음으로 각 산림에 대해서 산림 GIS의 분석결과를 참고로 중시해야 할 기능을 객관적으로 평가하고, 그 지역의 문제점을 파악한다. 그리고 이러한 결과를 통해 지역의 목표를 정하고 구체적인 조닝작업에 들어간다. 이때 자주 쓰이는 것이 수형도법(樹型圖法)이다.

수형도법은 그림 8.5와 같이 산림 조닝의 우선 순위를 수형도로 나타내고 이 수형도에 따라 산림을 순차적으로 조닝해나가는 것이다. 필자가 미에현 구 미야가와무라에서 실시한 산림 조닝(그림 8.6)에서 GIS의 분석결과를 토대로 소반(小班)*을 단위로 하고 수형도를 이용해 각 산림이 구분대상이 되는 속성을 가지고 있는지 여부를 순차적으로 결정하였다. 수형도를 이용한 이유는 조닝의 취지를 이해하기 쉽고, 선별작업이 쉬우며, 지역주민에게 설명하기도 쉽기 때문이었다. 주민참가형 산림계획은 이러한 수형도를 정하는 것이 합의형성의 목표가 된다. 일단 수형도가 결정되고 나면 그 다음은 기계적인 작업에 의해 산림 조닝을 진행해 나가는 것이 가능하기 때문이다. GIS는 산림경영의 투명성을 높임과 동시에 설명과 책임을 다하는 도구로서 꼭 필요하다.

* 역주. 산림경영의 편리를 위하여 임시로 세분한 구역

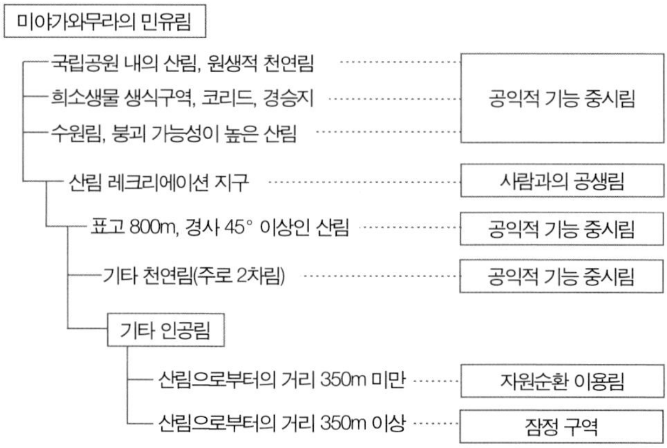

그림 8.5 **산림 조닝에 이용된 수형도의 개요(미에현 미야가와무라)**[3)]

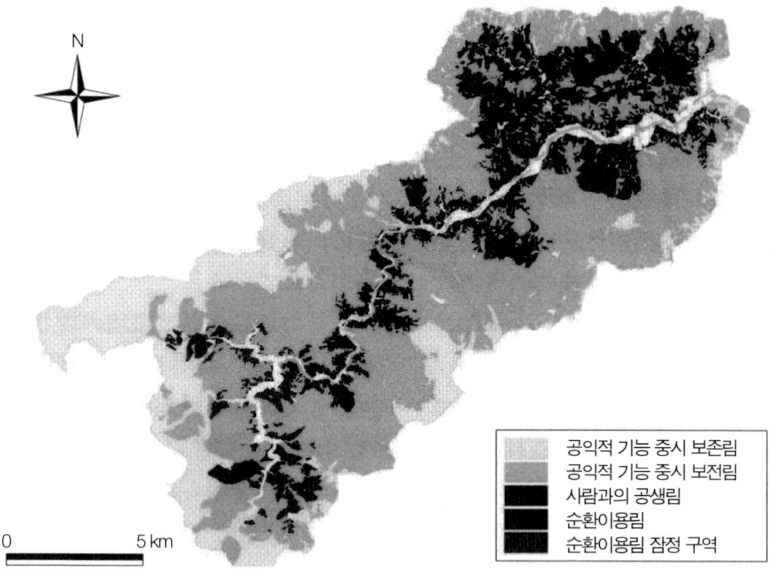

그림 8.6 **산림 조닝도(미에현 구 미야가와무라)**[3)]

8.4.3 자연환경 데이터 정비방식에 대해서

마지막으로 산림정보를 포함한 자연환경 데이터 정비에 대해 살펴보고자 한다. 고도의 정보화사회인 현대에는 자연환경정보를 통합하고 일원적으로 관리할 수 있는 데이터베이스를 구축하려는 것이 자연스러운 흐름이다.

하지만 데이터의 갱신체제가 정비되지 않으면 얼마 안 가서 어려움에 봉착하게 된다. 데이터베이스가 잘 운영되고 있는 사례는 현장 및 일상업무 속에 데이터 입력이 이루어지는 시스템이다. 그러나 산림관리의 현실을 살펴보면 일상업무에서 데이터를 갱신할 수 있는 시스템이 갖추어져 있는 곳은 적다.

산림 조닝에 관한 속성 데이터는 실시간으로 갱신해야 할 데이터가 많지 않으며, 대부분 1년에 한 번 정도 갱신해도 충분하다. 이러한 점에서 산림 조닝에 관한 데이터는 데이터베이스 구축보다는 오히려 GIS의 각종 공간데이터를 정비해나가는 것이 중요하다.

GIS에서는 각 공간데이터의 레이어에 속성 테이블이 대응하는 구조로 되어 있고, 속성 테이블에서 데이터 항목의 내용과 배열은 레이어마다 다르다. 하지만 그런 데이터방식이라도 데이터 검색에는 어려움이 없기 때문에 산림 조닝을 하는 데 있어서 급선무는 데이터베이스가 아닌 질 높은 공간데이터 구축이다. 따라서 현장의 사정을 잘 아는 산림조합이나 NPO 등의 협력을 얻어 질 높은 공간데이터의 레이어를 완성해 나가는 것이 중요하다. 이런 의미에서 볼 때 가나가와현에서 실시한 단자와(丹沢) · 오야마(大山) 종합조사[10)]는 높이 평가된다.

인용문헌

1) 木平勇吉ほか（1998）：森林 GIS 入門―これからの森林管理のために―，100p，日本林業技術協会.
2) 田中和博（2003）：森林 GIS とは. 林業技術，**732**：12-21.
3) 木平勇吉編著（2003）：森林計画学，228p，朝倉書店.
4) 田中万里子（2006）：森林情報学入門 森林情報の管理と IT の活用，134p，東京農業大学出版会.
5) 松村直人編著（2007）：GIS と地域の森林管理，201p，全国林業改良普及協会.
6) 田中和博（2000）：バイオリージョン研究と GIS. システム農学，**16**(2)：109-116.
7) 田中和博（2005）：森林ゾーニングにおける GIS の応用と今後の課題. 森林科学，**43**：18-26.
8) 吉田剛司・田中和博（1998）：ギャップ分析 生態系管理のための GIS. 森林科学，**24**：52-55.
9) 竹下敬司（1964）：山地の地形形成とその林業的意義. 福岡県林試時報，**17**：1-109.
10) 丹沢大山総合調査情報整備審査チーム（2006）：アトラス丹沢第二集，50p，丹沢大山総合調査実行委員会.

9 해양과 GIS

9.1 해양 분야에서 GIS의 이용

지리정보시스템(GIS)은 1960년대부터 육지를 바탕으로 시작되었고, 1990년대부터 지구표면의 70% 이상을 차지하고 있는 해양에 본격적으로 응용되기 시작하였다.

1970년대와 1980년대에는 해양데이터 수집 기술이 발달하고, 1990년대에는 데이터와 정보가 폭발적으로 증가했다. 그 결과 해양데이터를 관리, 분석, 가시화하는데 GIS를 이용해야 한다는 필요성이 인식되기 시작했다[1,2]. 해양에 관한 정보는 육지처럼 공간적으로 밀집되어 있지 않다. 시간축에 대해 살펴보면, 육지의 경우 몇 개월이나 몇 년 단위로 변화하는데 비해 해양의 움직임은 시시각각 변화하고 있어 매우 다이내믹하다[3]. 그런 의미에서 해양은 실시간 정보가 요구되며, Web-GIS나 onboard-GIS를 이용할 필요가 있다. 해양 리모트센싱 데이터는 디지털 데이터 또는 래스터 데이터이기 때문에 GIS에 대응하는 해양환경정보로서 반드시 필요하게 되었다[4]. 분석은 2차원이 아닌 3차원으로 분석해야 하며, 시간이 추가된 4차원[5]으로 분석해야 한다.

GIS는 해양환경을 조사하기 위한 기술로서도 필수불가결한 도구가 되어 해양 GIS(marine-GIS)는 기존의 부표 · 선박, 해양관측 데이터와 함께 해양 리모트센싱 데이터의 환경공간정보로서 그 가치가 주목되고 있다.

또한 연직방향에 대한 센싱으로 음향 리모트센싱도 통합적 이용이 기대된다. 해상의 선박에서 이용하는 것을 고려하면 GPS 정보를 해양 GIS에 대응하는 것도 반드시 필요하다. 이와 같이 해양 GIS는 인터넷 같은 통신기술과 함께 GPS, 리모트센싱, 모델링, 영상처리, 공간분석기술 등을 포함한 통합적인 시스템이다(그림 9.1)[4].

지금까지 육지 중심으로 발전해온 육지 GIS와 해양 GIS의 차이를 들어보면 다음과 같이 나타낼 수 있다.

① 4차원(x, y, z, t)의 지리정보시스템이다.

② 해양현상은 다이내믹하다.

③ 해양 리모트센싱과 모델링의 통합화 도구이다.

④ 실시간 이용을 위해 네트워크 활용이 필요하다.

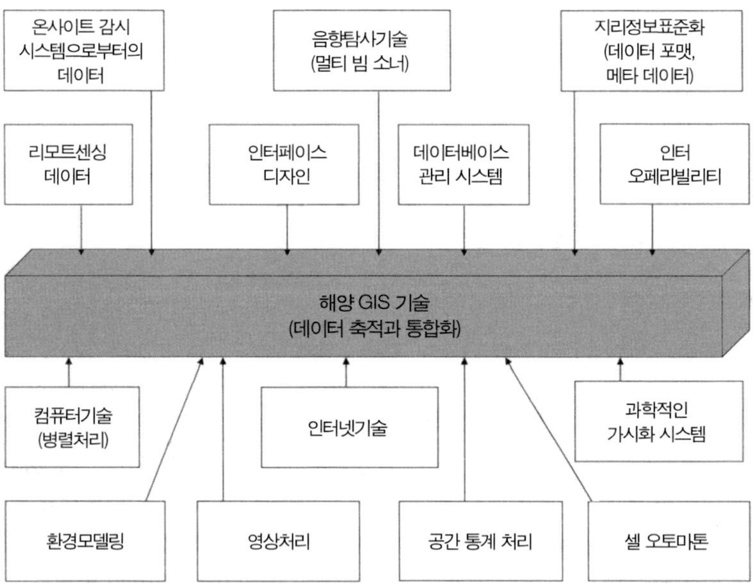

그림 9.1 해양 GIS 기술과 관련된 주변 요소 기술(Valavanis, 2002[4])를 일부 수정)

9.2 해양관측과 해양데이터의 종류

해양학은 원래 조사선(調査船)에 의한 탐험적 관측부터 시작되었으며, 1940년대까지는 학문적인 과학이었다. 이후 20~30년 동안 물리학, 화학, 생물학, 지학(地學)의 각 해양학으로 발달했다. 그리고 1970년대 후반부터 1980년대 전반에 걸쳐 연안용승(沿岸湧昇, coastal upwelling)*이나 ENSO(El Niño/Southern Oscillation) 이벤트 등의 물리학, 생물학, 화학의 각 매개변수에서 종합적인 분석이 요구되어 학문적인 샘플링, 분석, 모델링의 중요성이 인식되기에 이르렀다[6]. 이와 동시에 해양에 관한 다차원 데이터의 양이 증가하면서 해양 GIS의 필요성도 증가되었다.

해양 GIS를 고려할 때 관측 데이터 수집계획이나 실시가 중요한 과제이며 다음과 같은 사항을 고려하여야 한다.

- 관측방법
- 관측플랫폼
- 관측센서
- 관측범위
- 관측대상
- 관측시간
- 관측간격

9.2.1 플랫폼과 관측의 시공간스케일

그림 9.2에 관측방법, 플랫폼, 센서의 일반적인 예를 나타냈다[7]. 각종 플랫폼에 의한 관측은 우주로부터의 위성 리모트센싱 관측[8], 해상 상공으로부터의 항공기관측, 해상의 선박관측, 수중의 각종 부표관측, 수중 로봇관측, 표층 흐름을 측정하는 해양 단파 레이더관측(육상 설치형 리모트센싱)[9] 등이 있다.

* 역주. 연안역에서 하층으로부터 찬 해수가 상승하는 것

그림 9.2 **해양관측방법과 플랫폼(Dickey et al., 2006)[7)]**

선박관측에는 CTD[*1] 등에 의한 연직관측, 물속을 위아래로 이동하면서 수온, 염분, 형광 등을 관측할 수 있는 예항체(曳航体)[*2]에 의한 관측이 포함된다.

부표(浮標, buoy)[*3]관측에는 어떤 지점에 고정한 계류(係留)부표관측과 이동하면서 관측하는 표류(漂流)부표관측이 있다. 표류부표 중에서도 위아래로 표면에서 약 2,000m까지 연직관측하면서 표류하는 ARGO부표 시스템(그림 9.3)은 최신 기술이며 전 세계에 이미 3,000개의 ARGO부표 관측망이 설치되어 있다(그림 9.4). 수중 로봇관측에는 선상에서 조작하여 관측하는 수동수사형(remotely operated vehicle : ROV)과 미리

*1 역주. conductivity temperature depth profiler, 전기전도도, 온도, 압력을 관측하는 해양관측 장치

*2 역주. 예항은 다른 선박이나 물건을 끌고 항해하는 것

*3 역주. 배가 항만에 정박할 때 닻을 내리는 대신 닻의 사슬을 매어 두어 배를 붙들어 맬 수 있게 설치한 것

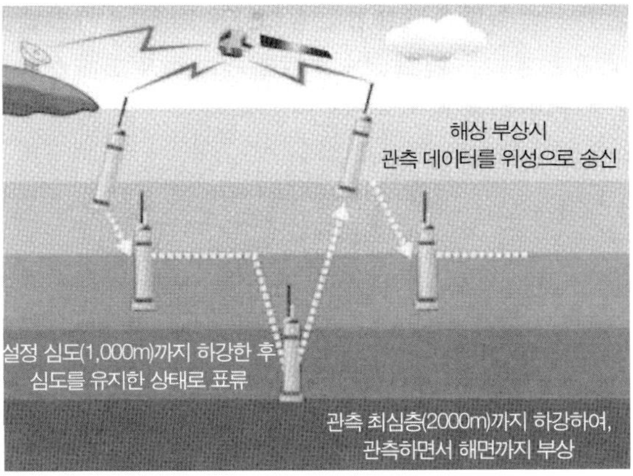

그림 9.3 **ARGO부표의 동작 사이클 개념도**[10)]

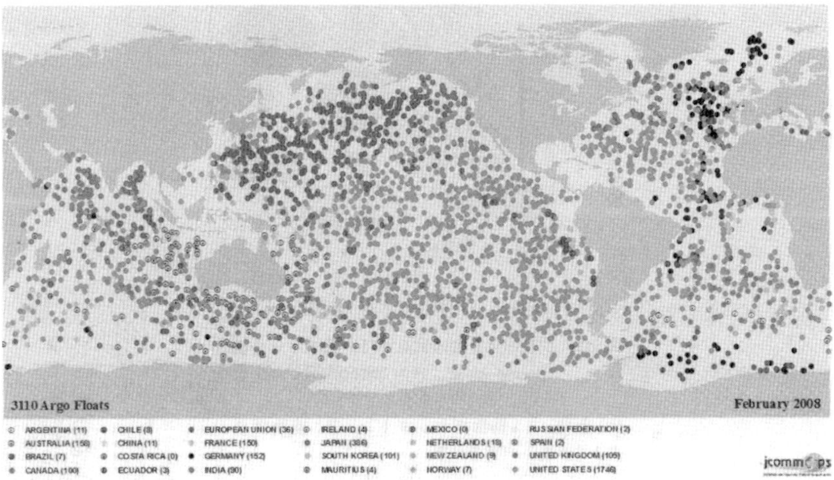

그림 9.4 **ARGO부표의 전세계 분포도**[11)]

관측경로를 프로그래밍하여 관측하는 자동수사형(autonomous under-water vehicles : AUV)이 있다. AUV로는 3차원 해양관측 데이터를 얻을 수 있다.

각종 플랫폼 중에서 선박관측과 부표관측의 시공간분포 특징을 그림 9.5에 나타냈다. 위성관측은 2차원 데이터의 시계열 스냅 샷으로 이용

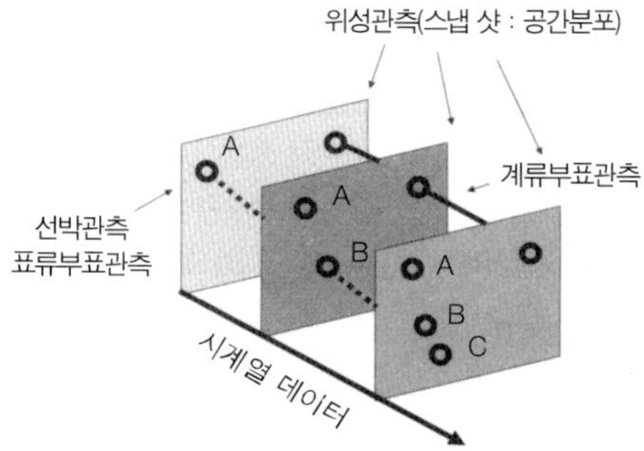

그림 9.5 **위성관측, 선박관측, 부표관측의 시공간 분포 특성**

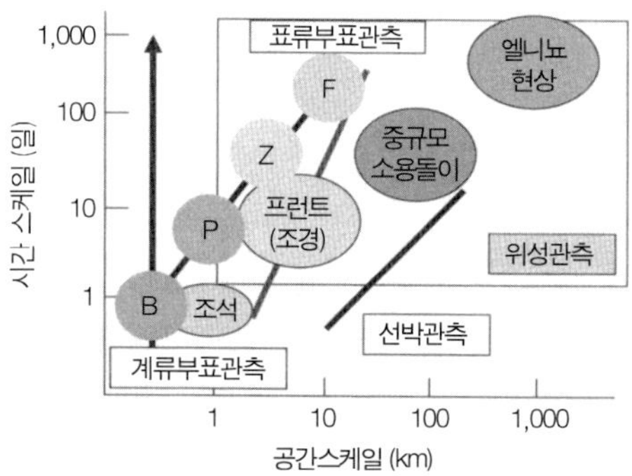

그림 9.6 **생물현상과 해양현상의 시공간스케일 개념(Steele et al., 1994 : Hofmann and Lascara, 1998[12,13])을 일부 수정)**
F : 어류, Z : 동물 플랑크톤, P : 식물 플랑크톤, B : 박테리아

할 수 있고, 계류부표관측은 어떤 지점에서 점(point) 정보로 시간축을 두면 보다 상세한 데이터로 이용할 수 있다. 선박관측과 표류부표관측은 항상 관측지점을 이동하면서 점 또는 점에서 연직적인 데이터를 이용할 수 있다.

해양 내의 생물현상, 물리현상의 시공간스케일과 관측의 시공간스케일 특성을 고려하면 그림 9.6과 같이 정리할 수 있다[12,13]). 생물분포는 박테리아, 식물 플랑크톤, 동물 플랑크톤, 어류, 나아가서는 고래류, 해서포유류순으로 시공간스케일이 커진다. 물리현상은 일(日)단위부터 며칠, 몇 km

스케일의 조석 현상, 수~10일간, 10~수십 km 스케일의 해양전선(조목), 1~몇 개월, 100~200km 스케일의 중규모 소용돌이, 3~7년 주기, 적도 해역을 포함한 1,000km 이상 스케일의 엘니뇨현상 등이 대표적이다. 위성관측은 해양전선보다 큰 스케일의 현상을 2차원적 또는 시계열적으로 관측하는 데 적합하다. 선박관측은 점을 연결한 선관측이 된다. 표류부표관측은 선박과 마찬가지로 선관측이지만 시간해상도가 높다. 계류부표관측은 점관측이지만 시간적으로 연속된 관측을 할 수 있다.

9.2.2 해양데이터의 종류

위성, 선박, 부표 등에 의한 해양관측 데이터, 해양 순환과 해양생태계의 모델링 데이터를 ArcGIS 같은 범용 소프트웨어상에서 사용하는 것을 염두에 두고 분류하면 그림 9.7과 같이 나타낼 수 있다(Arc Marine 데이터)[14]. 크게 분류해보면, 벡터 데이터(point data, polyline data, polygon data), 래스터/그리드/메쉬 데이터, 동영상, 비디오 등의 파생 데이터 3가지로 구분된다.

벡터 데이터 중에서 점 데이터는 마카 부표 같은 점 데이터, CTD 같은 순간치(瞬間値) 점 데이터, 바이오텔레메트리(Biotelemetry)*1 데이터 같은 점 데이터의 시계열 데이터, 그 외 스쿠버 다이빙의 점관측, 싱글 빔에 의한 측심(測深) 데이터가 포함된다. 선 데이터에는 CTD의 연직방향 관측 데이터, 항적(航跡)*2 같은 시계열 선 데이터, EEZ선(exclusive economic zone, 배타적 경제수역)이나 경계선, 추출한 해양전선(oceanic front, 海洋前線)*3 등의 특징 선 데이터, 해안선 등의 GIS 맵 베이스 데이터가 있다.

---

*1 역주. 전파수신생물추적법

*2 역주. 선박이 지나간 자취

*3 역주. 해양에서 수평적으로 해수 특성이 급격히 변하는 부분으로서 서로 성질이 다른 두 수괴가 만나서 형성됨

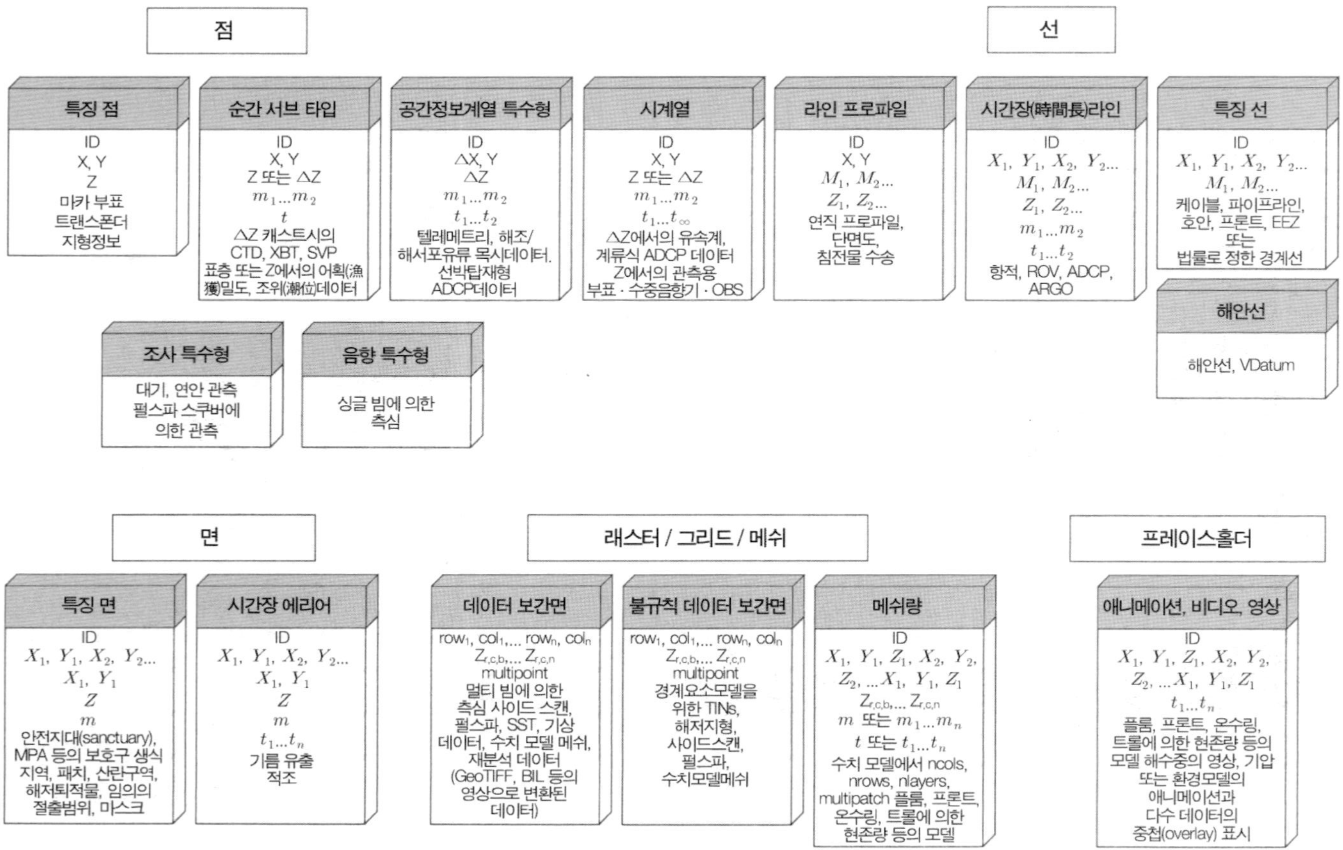

그림 9.7 **보편적인 해양 GIS 데이터의 분류**(Lubchenco et al., 2007)[14]

〈약어 설명〉
ADCP (acoustic Doppler current profiler) … 초음파 도플러 유속계
ARGO (array for real-time geostrophic oceanography) … 자동부침형 중층 표류 플로트에 의한 해양 자동 관측 시스템
BIL (band interleaved by line) … 리모트센싱 분야에서 볼 수 있는 이미지 데이터 포맷
CTD (conductivity temperature depth profiler) … 전기전도도, 온도, 압력을 관측하는 해양관측 장치
EEZ (exclusive economic zone) … 배타적 경제수역
GeoTIFF … TIFF에 지리정보를 부가한 이미지 데이터 포맷
LIDAR (light detection and ranging) … 라이더(레이저광을 이용한 레이더)
MPA (marine protected area) … 해양 자연 보호구역
OBS (ocean bottom seismograph) … 해저 지진계
ROV (remotely operated vehicle) … 수중 카메라 로봇
SST (sea surface temperature) … 해면 수온
SVP (sound velocity profile) … 음속 계측기
TIN (triangulated irregular network) … 삼각형망에 의해 보간 데이터를 작성하는 방법(불규칙 삼각형망)
U/W (under water) … 수면 밑
VDatum (vertical datum) … 연직기준면

그림 9.7 **보편적인 해양 GIS 데이터의 분류(계속)**

폴리곤 데이터로는 해양보호구역(MPA), 해양생물의 생식구역, 산란구역, 플랑크톤 패치 등의 특징 면, 기름유출구역이나 적조 등의 시계열 특징 면을 들 수 있다.

래스터/그리드/메쉬 데이터로는 멀티 빔에 의한 측심 데이터, 위성에 의한 해면 수온(SST) 분포와 클로로필 a 농도분포 데이터, 수치 모델의 메쉬 데이터 등의 폴리곤 데이터, 또한 플륨(plume)이나 온수와(溫水窩) 같은 체적의 양을 나타내는 데이터가 포함된다.

마지막으로 파생 데이터로는 위성영상 애니메이션이나 모델링의 분석 데이터 애니메이션, ROV 등에 의한 해중영상, 다차원 데이터의 중첩(overlay) 표시 데이터 등이 포함된다.

이와 같이 4차원 데이터(x, y, z, t)를 기존의 ArcGIS에 도입할 수 있도록 해양 GIS 데이터로 구축하는 것이 반드시 필요하다. 해양 GIS에서 주의해야 할 점은 생물현상인 플랑크톤 패치[15]는 불연속성이 있어 그

공간스케일을 고려하지 않고 물리 데이터처럼 외삽이나 내삽 방법을 응용하면 현실 분포와는 다른 데이터를 작성하게 된다는 점이다.

9.3 해양 GIS의 응용 분야

해양과 연안역(沿岸域)을 위한 GIS 관련 교과서[1]와 해양 GIS 관련 서적[14,16,17]을 참고로 연안역과 충합역(沖合域) · 외양역(外洋域)으로 구별하여 응용 분야를 소개한다.

9.3.1 연안역

해양 GIS의 연안역에 대한 응용은 연안역의 육지를 포함할 경우 육지 GIS의 연장선상에 있어 어떻게 보면 정적(static)인 해양 GIS이다. 연안역 관리는 가장 중요한 응용 분야로 해양보호구(MPA)관리와 연안역 방재(해일, erosion)를 들 수 있다.

하와이 모로카이 섬에서의 맹그로브(mangrove)*분포 맵핑과 관리에 대해 항공사진(1m), 위성 데이터인 ASTER(advanced spaceborne termal emission and reflection radiometer) 영상(30m), 항공기 AVIRIS (airborne visible/infrared imaging spectrometer) 하이퍼 스펙트럼 영상(17m)을 이용한 연구가 있다[18]. ASTAR 영상이 가장 경제적이고 효율성 있는 것으로 알려져 위성 리모트센싱의 활용을 기대할 수 있다.

연안역에서의 토양침식(erosion) 같은 지형적인 재해에 대해서도 항공기 레이저관측 데이터와 역사적 항공사진을 이용해 그 변화를 추적한 예가 있다[19].

그 밖에 연안역의 해양생물자원과 관련된 해양 GIS의 응용 예로 증양식장(增養殖場) 적지분석과 관리[20], 증양식장의 생산환경 모니터링[21], 적조

* 역주. 아열대나 열대의 해변이나 하구의 습지에서 자라는 관목이나 교목을 통틀어 이르는 말

모니터링[22], 조장(藻場)조사 등이 있다. 특히 증양식장의 지속가능한 관리는 사회과학적 요소까지 포함하며 앞으로 식량문제 등의 관점에서 볼 때에도 해양 GIS의 응용 분야로 매우 중요하다.

9.3.2 충합역(沖合域)·외양역(外洋域)

충합역 및 외양역에 있어서 해양 GIS의 응용 예는 연안역과 비교했을 때 사례가 적은 편이다. 그러나 연안역에 비해 공간스케일이나 시간 변동 모두 크기 때문에 다이내믹하다.

해양환경 모니터링의 예로 지구 전체의 SeaWiFS(Sea-viewing Wide Field-of-view Sensor) 클로로필 a(Chl-a) 농도 영상에 세미바리오그램 분석을 하여 저위도역(低緯度域)과 고위도역(高緯度域)의 공간특성을 밝혀낸 연구가 있다[23]. 이 연구에서는 결론적으로 저위도역에서 250km 정도는 분포 패턴으로 연속성이 있지만, 고위도역에서는 겨우 50km로 저위도역의 1/5 정도라는 것을 알수 있다(그림 9.8). 예항체(曳航体)에 의한 관측결과를 이용한 해양환경의 3차원 맵핑 예가 있다[24]. 이 연구에서는 베링 해(Bering Sea)의 육붕사면역(陸棚斜面域)에서 중규모 와(渦)가 육붕방향으로 고영양염수괴(高栄養塩水塊)를 옮겨 기초 생산에 기여하고 있는 모습이 나타났다(그림 9.9, 9.10).

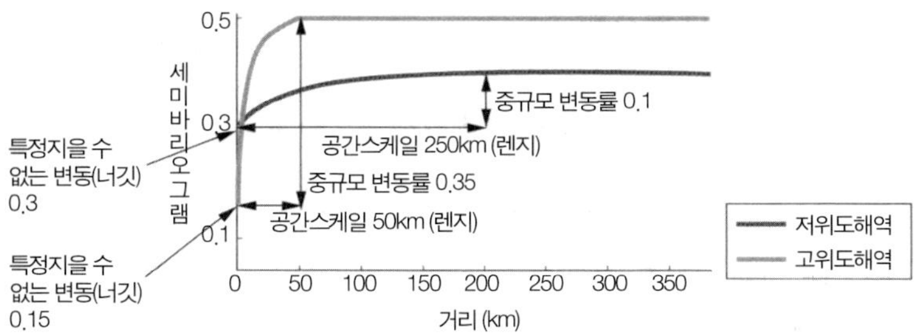

그림 9.8 **세미바리오그램 분석에 의한 저위도역과 고위도역의 클로로필 a 농도 분포 공간 특성**(Doney et al, 2003)[23]

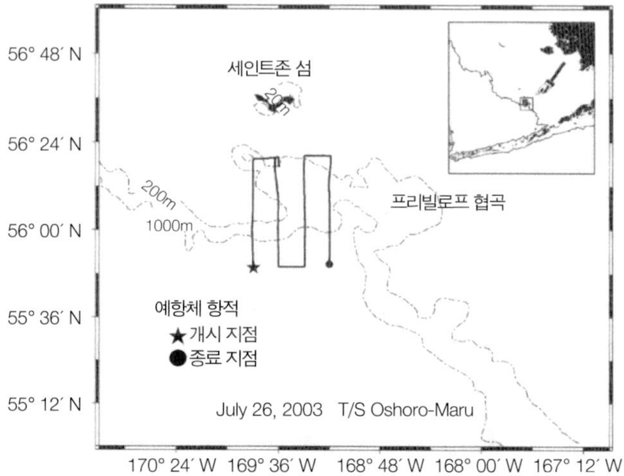

그림 9.9 **예항체에 의한 3차원 관측 항적**(Mizobata et al., 2008)[24)]

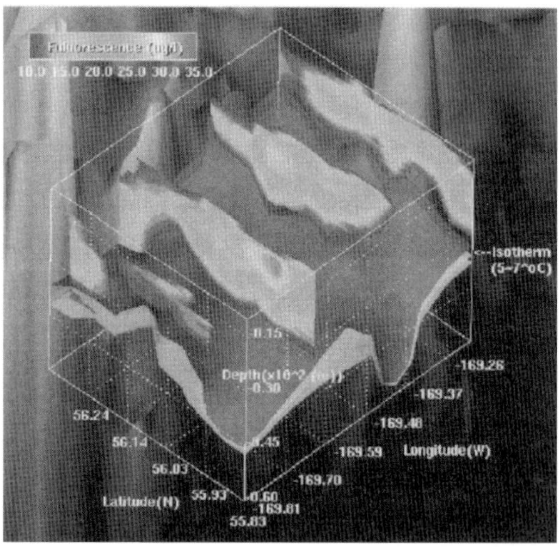

그림 9.10 **등온도(5~7℃) 및 고형광치 수괴의 3차원 구조**(Mizobata et al., 2008)[24)]

외양역(外洋域)에서 생물분포와 해양환경의 관계를 알아내기 위해 바이오텔레메트리 데이터와 위성 리모트센싱 데이터를 조합시켜 이용한 연구가 있다. 이러한 해양생물의 회유조사 예로는 바다거북[25)]과 고래류[26)]가

중심이다. 해양생물자원 관리에 대한 해양 GIS의 응용으로는 위성 원격탐사(리모트센싱) 데이터와 기후값 데이터를 이용한 오징어 산란장 추정[27]과 야간 가시영상을 이용한 어선분포 특성으로 회유경로를 추정[28]한 예가 있다. 육붕역 생식역 맵핑은 음향탐사기술을 이용하여 해저지형과 지질을 탐사하고, 이들 데이터를 주성분 분석한 결과를 다차원 데이터로 분류하는 방법이 이용된 예가 있다[29].

9.4 소결

미국의 오리건 주에서는 해양 GIS가 지역사회의 생물다양성 보존과 자원 관리에 구체적으로 이용되기 시작했다[30]. 또한 GIS 데이터베이스 작성에 시민 참여형 시도도 이루어지고 있다. 일본에서는 러시아선 나호토카호로부터 중유가 유출된 사고(나호토카 사고)가 발생했을 때 Web-GIS를 지도와 링크시켜 관계자, NPO, NGO 및 시민에 대한 연락용 정보게시판으로 이용했던 예가 있다[31]. 이렇게 단순히 과학으로서의 해양 GIS를 넘어 실제 이용으로 발전되고 있다.

Meaden(2004)[32]은 GIS 응용에 관한 주요 도전, 즉 ① 지적 · 이론적 도전, ② 실용적 · 조직적 도전, ③ 경제적 도전, ④ 사회 · 문화적 도전에 대해 개관하고 정보보급과 공유화, 그리고 새로운 GIS 프로그램 발전의 필요성을 전하고 있다. Meaden(2004)[32]이 지적한 것처럼 아직 도전해야 할 과제가 많으며, 그것들을 극복해 나가야 한다. 가장 큰 도전은 GIS의 방법론이나 기술을 발전시켜 나가는 것뿐만 아니라 이것들이 지구규모의 기후변화에 부응하고 해양생태계를 기본으로 한 자원관리방법 개발과 지속가능한 해양생물자원의 이용 등 인류의 생존에 관한 식료 정책이나 안정된 산업경영에 도움이 되게 하는 것이다.

XML(eXtensible Markup Language)이나 OPeNDAP(Open-source

Project for a Network Data Access Protocol) 같은 GIS 기술의 공간정보 도구로서 국제규격화도 추진되고 있다. 현재는 Google Earth에서 사용되고 있는 KML[*] 포맷도 GIS 포맷으로 인식하여 ArcGIS에서도 Shapefile과 마찬가지로 표준파일로 작성할 수 있게 되었다. 실제로 Google Earth상에서 선박의 항적을 해면온도 영상과 중첩(overlay)한 것을 그림 9.11에 나타냈다. 이처럼 위성 리모트센싱 데이터는 일상적으로 이용할 수 있다. 현재 이용 가능한 해면수온, 클로로필 a(Chl-a) 농도, 해면고도와 더불어 새롭게 해면 염분을 관측할 수 있게[33)] 되어 물환경과 해양변동 모니터링에 응용되고 있다.

위성 리모트센싱은 해양 GIS의 기본 데이터베이스로서 점점 필수불가결한 것이 되었고, 데이터 동화기술(同化技術)과 결부시켜[6)], 실시간 형태로 활용할 것으로 기대한다.

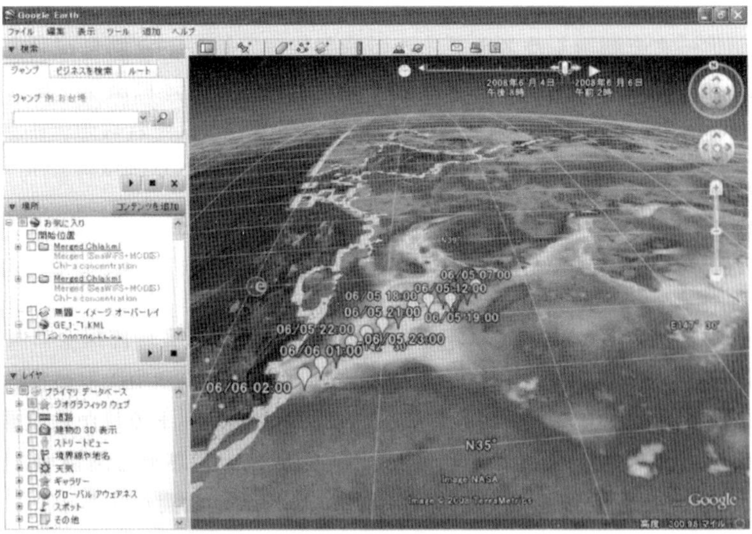

그림 9.11 **해양 정보를 Google Earth상에서 중첩(overlay)(선박의 항적+해면온도 영상)**

---

* 역주. KML(Keyhole Markup Language)는 Google Earth나 Google Maps에 표시하는 점, 선, 이미지, 면, 모델 등의 지리적 특징을 모델링하여 보존하기 위한 XML 문법 및 XML 파일 형식

인용문헌

1) Wright, D. J. and Bartlett, D. (1999) : *Marine and Coastal Geographical Information Systems*, 320p, Taylor & Francis.
2) Manley, T. O. and Tallet, J. A. (1990) : Volumetric visualization : An effective use of GIS technology in the field of oceanography. *Oceanography*, **3** : 23-29.
3) 柴崎亮介 (1995) : 第 4 章 M-GIS 整備の方向性. 広域総合海洋観測における高精度データ収集システムの調査 (2) 報告書 : 117-134, 平成 6 年度海洋科学技術センター委託, 三菱総合研究所.
4) Valavanis, V. (2002) : *Geographic Information Systems in Oceanography and Fisheries*, 207p, Taylor & Francis.
5) Levy, M. *et al*. (2005) : A four-dimensional mesoscale map of the spring bloom in the northeast Atlantic (POMME experiment) : Results of a prognostic model. *Journal of Geophysical Research*, **110** : C07S21, doi : 10.1029/2004JC002588.
6) Dickey, T. (2003) : Emerging ocean observations for interdisciplinary data assimilation systems, *J. Mar. Syst*., **40-41** : 5-48.
7) Dickey T. *et al*. (2006) : Optical oceanography : Recent advances and future directions using global remote sensing and in situ observations. *Rev. Geophys*., **44** : RG1001, doi : 10.1029/2003RG000148.
8) Robinson, I. S. (2004) : *Measuring the Oceans from Space*, 669p, Springer.
9) Paduan, J. D. and Cook, M. S. (1997) : Mapping surface currents in Monterey Bay with CODAR-type HF radar. *Oceanography*, **10**(2) : 49-52.
10) 海洋研究開発機構 (JAMSTEC).
http://www.jamstec.go.jp/J-ARGO/overview/overview_3.html
11) JCOMMOPS.
http://wo.jcommops.org/cgi-bin/WebObjects/Argo.woa/map?filemaker=status
12) Steele, J. H., Henderson, E. W., Mangel, M. and Clark, C. (1994) : Coupling between physical and biological scales [and Discussion]. *Phil. Trans. R. Soc. Lond. B*, **343** (1303) : 5-9.
13) Hofmann, E. E. and Lascara, C. M. (1998) : Chapter 19. Overview of interdisciplinary modeling for marine ecosystems. *The Sea, Vol. 10, Ideas and observations on Progress in the Study of the Sea* (Brink, K. H. and Robinson, A. R., eds.), pp. 507-540, John Wiley & Sons.
14) Lubchenco, J. *et al*. (2007) : *Arc Marine : GIS for a Blue Planet*, 202p, ESRI Press.
15) Solow, A. R. and Steele, J. H. (1995) : Scales of plankton patchiness : Biomass versus demography. *Journal of Plankton Research*, **17**(8), 1669-1677.
16) Wright, D. J. (2002) : *Undersea with GIS*, 253p, ESRI Press.

17) Breman, J. (2002) : *Marine Geography : GIS for the Oceans and Seas*, 204p, ESRI Press.

18) D'iorio, M. *et al*. (2007) : Optimizing remote sensing and GIS tools for mapping and managing the distribution of an invasive mangrove (*Rhizophora mangle*) on South Molokai, Hawaii. *Marine Geodesy*, **30**(1) : 125-144.

19) Miller, P. *et al*. (2007) : A robust surface matching technique for integrated monitoring of coastal geohazards. *Marine Geodesy*, **30**(1) : 109-123.

20) Kapetsky, J. M. and Aguilar-Manjarrez, J. (2007) : *Geographic Information Systems, Remote Sensing and Mapping for the Development and Management of Marine Aquaculture*, 125p, FAO Fisheries Technical Paper.

21) Muzzneena, A. M. and Saitoh, S.-I. (2008) : Observations of sea ice interannual variations and spring bloom occurrences at the Japanese scallop farming area in the Okhotsk Sea using satellite imageries. *Estuarine, Coastal and Shelf Science*, **77** : 577-588.

22) Tan, C. K., 石坂丞二 (2004) : GIS と海色衛星の赤潮モニタリングへの応用. 月刊海洋, **36**(5) : 376-379.

23) Doney, S. C. *et al*. (2003) : Mesoscale variability of Sea-viewing Wide Field-of-view Sensor (SeaWiFS) satellite ocean color:Global patterns and spatial scales. *Journal of Geophysical Research*, **108**(C2) : doi : 10.1029/2001JC000843.

24) Mizobata, K. *et al*. (2008) : Summer biochemical enhancement in relation to the mesoscale eddy at the shelf break in the vicinity of the Pribilof Islands. *Deep-Sea Research, Part II* : doi : 10.1016/j.dsr2.2008.03.002, (in press).

25) Polovina, J. J. *et al*. (2000) : Turtles on the edge : Movement of loggerhead turtles (*Caretta caretta*) along oceanic fronts, spanning longline fishing grounds in the central North Pacific, 1997-1998. *Fisheries Oceanography*, **9** : 71-82.

26) Doniol-Valcroze, T. *et al*. (2007) : Influence of thermal fronts on habitat selection by four rorqual whale species in the Gulf of St. Lawrence. *Marine Ecology Progress Series*, **335** : 207-216.

27) Sakurai, Y. *et al*. (2000) : Changes in inferred spawning sites of *Todarodes pacificus* (Cephalopoda : Ommastrephide) due to changing environmental conditions. *ICES Journal of Marine Science*, **57** : 24-30.

28) Kiyofuji, K. and Saitoh, S.-I. (2004) : Detection of possible Japanese common squid (*Todarodes pacificus*) migration routes in the Sea of Japan from nighttime visible images. *Marine Ecology Progress Series*, **276** : 173-186.

29) Lanier, A. *et al*. (2007) : Seafloor habitat mapping on the Oregon Continental Margin : A spatially nested GIS approach to mapping scale, mapping methods, and accuracy quantification. *Marine Geodesy*, **30**(1) : 51-76.

30) Wright, D. J. *et al*. (2005) : *Place Matters : Geospatial Tools for Marine Science, Conservation, and Management in the Pacific Northwest*, 305p, Oregon State Univer-

sity Press.
31) 後藤真太郎 (2004)：Web-GISの最前線. 月刊海洋, **36**(5)：355-359.
32) Meaden, G. F. 著, 清藤秀理・齊藤誠一訳 (2004)：GIS利用による水産海洋学への挑戦. 月刊海洋, **36**(5)：340-345.
33) Lagerloef, G. *et al*. (2008)：The Aquarius/SAC-D Mission：Designed to meet the salinity remote-sensing challenge. *Oceanography*, **21**：68-81.

10 물순환과 GIS

10.1 물순환이란

우리 생활에 없어서는 안 될 물, 때로는 재해를 일으키기도 하는 물의 특징은 순환을 한다는 것이다. 이처럼 자연계에서 물의 순환을 수문학적 순환(hydrologic cycle) 또는 물순환이라고 한다. 물은 화석연료와 달리 인간이 인위적으로 물순환의 기능을 강화하면서 그 속에서 잘 사용하면 지속적으로 이용할 수도 있다. 그러나 순환하고 있는 양(量) 이상으로 사용하면 지속적으로 이용하기 어려워진다. 지하수위는 낮아질 것이고, 하천은 단류(断流)현상이 일어날 것이며, 호수 수면면적도 점점 줄어들 것이다. 또한 물은 오염된 후 사용할 수 없기 때문에 물이 풍부한 지역에서도 물부족 문제가 발생할 수 있다.

물순환은 지구를 폐쇄계(closed system)로 보고 그 안에서 물이 여러 형태(액체, 수증기, 얼음)를 취하면서 또는 여러 가지 방법으로 오랜 시간에 걸쳐 빙하, 하천, 호소, 지하수, 바다 등을 구성하며 이동하는 일련의 순환으로 파악할 수 있다. 물순환이 이루어지는 곳은 지구 전체이지만 시대가 변하면서 물에 대한 인식도 변화되었다.

지구의 환경문제가 주목받기 이전에는 물순환을 유역에서의 물순환으로 다루는 경우가 많았다. 이는 물순환을 다루는 수문학이 실용과학으로서의 측면도 있고, 지역에서 인간과 물의 관계를 다루는 데 적합한 스케일이

유역이었기 때문이다. 오늘날에도 유역을 단위로 한 하천관리 등의 시책을 마련해야 한다는 견해가 늘어나고 있다. 이런 규모의 순환을 수문중순환(水文中循環)이라 한다.

1972년 스톡홀름 회의(국제연합 인간환경 회의)를 계기로, 이후 리우데자네이루 회의(1992년), 요하네스버그 회의(2002년)로 이어지는 가운데 지구환경문제는 인류가 직면한 중요한 과제로 부각되었다. 특히 리우데자네이루 회의 이후에는 지구온난화에 따른 기후변화에 관심이 높아져 물순환은 지구단위의 대기 중 수증기 순환이라는 의미가 강해졌다. 이러한 지구단위의 순환을 수문대순환(水文大循環)이라 한다.

한편, 인간의 거주환경이 점점 도시로 집중됨에 따라 도시에서 물의 이용은 근대사회에서 중요한 문제가 되었다. 도시에서의 물 이용과 배수시스템을 도시수대사(都市水代謝)라고 하고(단보 · 마루야마 편(丹保 · 丸山編), 2003)[1], 수문소순환(水文小循環)으로 평가할 수 있다.

이와 같이 물순환은 중요 관점에 따라 세 가지 공간스케일로 나누어 생각하면 편리하다. 지구규모의 기후변화를 고려할 때에는 수문대순환(水文大循環)을, 지역에서 인간활동을 중시할 때에는 수문중순환(水文中循環)을, 근대 도시의 기능을 고려할 때에는 수문소순환(水文小循環)이라는 관점에서 물의 순환을 다룰 수 있다.

물론 물순환은 지구표층에서 발생하는 것이지만 글로벌과 로컬 관계를 고려할 때에는 각 공간스케일별로 중요한 관점을 의식하여 계층적으로 다루는 것이 중요하다. 왜냐하면 물은 단순히 H_2O가 아닌 지역의 특징, 즉 지역성에 맞게 존재하고 순환하는 지역의 물이기도 하기 때문이다. 따라서 공간을 다루는 GIS가 중요한 분석도구가 되는 것이다.

물은 세계 곳곳에 편재하며, 지역의 유역특성에 맞게 각각의 지역에서 특징적인 순환을 하고 있다. 따라서 물에 관한 문제를 논의하기 위해서는 지역의 특성을 이해하는 것이 무엇보다 중요하다. 한편 오늘날과 같은 글로벌화의 흐름 속에서 지역의 물 문제도 세계적인 문제로 논의되어야 한다는 인식이 증대되고 있다. 이를 위해서는 공간과 시간의 시스템을 구축하고 그 안에서 지역문제를 평가한 다음 관련성을 검토할 필요가 있다. 여기에도 GIS에 의한 정보집적의 의의가 있다.

공간정보로서 물순환에 관한 정보를 수집하는 목적은 크게 두 가지로 나누는 것이 현 추세이다. 하나는 기후변화 예측을 위한 물순환 정보수집이며, 다른 하나는 수자원·물관리를 위한 정보수집이다. 기후변화가 인간생활에 어떤 영향을 미치는지에 대해 명확하게 밝혀진 것은 아니지만 장래에 대한 불안 요인이 되고 있는 것은 사실이다. 기온이나 강수량이 변동했을 때 어떤 현상이 생길지 정확히 예측할 수는 없지만 영향을 미칠 것이라는 불안함이 있기 때문이다. 기후변화가 글로벌한 현상이라고 해도 그 영향을 받는 것은 인간의 활동거점지역이며 영향은 반드시 지역에서 자연과 인간의 관계에 관한 문제로 나타난다. 지역에는 특성이 존재하지만 기후변화의 영향평가도 필드과학의 관점, 즉 지역의 관점을 토대로 할 필요가 있다. 위기상황을 강조하는 것이 정책이 될 수는 있지만 과학적 측면에서는 지역별 물순환의 실태에 대해 정확한 인식을 토대로 한 영향평가가 필요하다. 바로 이런 점에서 공간을 보는 GIS가 매우 중요하다.

또 하나의 목적인 수자원과 물관리에 관한 문제 역시 지역성을 이해하지 못하면 해결될 수 없다. 지형, 지질, 기후, 식생 등 공간의 조건에 인간활동이나 기후변화 등이 조합되어 형성되는 지역성은 지역의 물순환 방식을 결정하게 되고, 그에 맞는 방법에 의해서만 지역의 수자원개발과 적절한 관리를 할 수 있게 된다. 따라서 인간생활 면에서 지역관점에 따른 물순환 정보의 집적이 필요하다는 것을 알 수 있다. 흔히 물문제를 포함한 지구환경문제가 현실화된 21세기에 요구되는 물순환연구는 지역에 환원할 수 있는 성과를 창출할 수 있어야 한다. 이를 위한 중추모델(프레임워크)이 바로 GIS이다. GIS에 정보를 제공하는 리모트센싱(RS) 조합이 물순환을 이해하고 인간의 생활기반을 보증하는 기술기반이 된다.

이 장에서는 물순환 관점에서 GIS의 응용에 대해 논의하고자 한다. 환경분석기술은 충분히 성숙하고, 여러 가지 상용 소프트웨어를 이용할 수 있기 때문에 GIS 기술적인 측면은 다루지 않았다. 현재 중요한 문제는 무엇을 조합 · 응용 · 분석하여 무엇을 이끌어내느냐 하는 부분이며, 여기에 학문이 축적해온 지식을 응용해야 한다.

또한 GIS는 공간분석기술에 의해 데이터베이스로서의 기능을 가지며 수치뿐만 아니라 문장이나 영상으로 기록된 공간의 속성을 저장할 수 있다. 이 장에서는 시공간 속에 저장된 수문 정보를 분석하는 방법에 대해 고찰하고자 한다.

10.2 물순환을 해석하기 위한 관점

10.2.1 GIS 이용에 대한 견해

기후변화 같은 전 지구 단위의 현상을 예측하기 위해서는 대기대순환 모델(general circulation model : GCM) 같은 연역적 방법을 취할 수밖에 없다. 이 경우 모델에 물리량을 제공하는 것이 GIS 및 RS의 중요 역할 중 하나이다. 아무리 정교한 모델이라도 입력데이터의 정확도가 출력 정확도에 영향을 미치고, 모델에서 기후변화 예측결과를 얻었더라도 그 영향을 지역단위로 평가한다면 다양하고 복잡한 현상에 직면할 수밖에 없다. 문제는 모든 요인이 적분되어 나타나기 때문에 과학적 방법의 결과, 즉 과학적 지식만으로 요인 전체를 망라하여 이해하기는 어렵다. 이 경우 현장에서의 경험지식과 생활지식 같은 정보를 GIS에 도입한다면 문제해결의 지침을 얻을 수 있다.

예를 들어 유역의 산림면적과 하천유출량 관계를 과학적 방법으로 해결하려고 한다면 관측만으로도 엄청난 예산이 필요하다. 그러나 현지 주민의 오랜 경험이 있다면 어느 정도 예측이 가능하다. 메커니즘은 확실하지 않더라도 경험적, 생활상 잘 아는 것이 영향평가에 대한 판단을 얻을 수 있는 경우도 많다. 물론 얻어진 경험적 관계의 물리적 특성 검토에서 새로운 지식이 발견될 가능성도 있다.

로컬은 글로벌의 일부이며, 이 둘은 개별로 존재하는 것은 아니지만 둘을 동시에 이해하기 위해서는 계층적인 견해가 필요하다. 지배방정식(Governing Equation)*은 같을 수 있지만 보이는 현상을 주로 지배하는 요인이 다르기 때문이다. 유출현상을 예로 들면 1980년대에 연구가 진행된 곡두부(谷頭部)에서의 유출발생 메커니즘에 관해서 여러 가지 개념이 제창되어 현상의 다양성이 이해되었다(예. 다나카(田中), 1989)[2]. 그러나 매크로 수문 모델을 대상으로 하는 유역단위가 되면 곡두부에서의 마이크로 현상은 시공간스케일이 좀 더 큰 현상에는 별 영향을 미치지 않게 되고, 보다 보편적인 원리, 즉 '물은 낮은 곳으로 흐른다'는 원리에 지배된다. 따라서 매크로 수문 모델로 대하천 유출을 재현할 수 있는 것이다. 그러나 우리가 다루는 문제, 예를 들면 곡두부에서의 붕괴나 계류수의 수질 형성, 오염수 같은 문제에서는 마이크로한 현상도 중요하다.

또한 건조 · 반건조지역의 수자원으로 매우 중요한 지하수를 생각해보면 광역 지하수유동계(regional groundwater flow system)는 주로 대지형에 의해 결정된다. 한편 국지적인 지하수의 흐름(local groundwater flow system)은 지질이나 소지형에 의해 강한 영향을 받기 때문에 우물 굴삭지점 선정과 같은 실무적인 작업에서는 근방의 지질 · 지형 상황을 정밀하게 조사할 필요가 있다. 우선 광역 지하수유동계 내에서 굴삭지점을 평가한 후 국지적 조건을 검토하지 않으면 목적 달성이 어렵다. 글로벌과 로컬의 관계도 이와 마찬가지이다.

이와 같이 지역을 단위로 하여 구체적인 물순환을 해석하고, 이를 이용 · 관리할 수 있는데, 그와 동시에 글로벌 내에서 평가함으로써 단순한 정보를 지식 또는 지혜로 국제사회에 환원할 수 있는 구조가 생겨난다.

---

* 역주. 물리적인 현상을 설명하기 위해 세우는 방정식을 의미

이 경우 지역이란 이를 구성하는 요소 간의 다양성, 관련성, 시간성, 공간성(가야네(根櫃), 2001)[3]에 관한 등질성을 가지는 범위로 정의할 수 있으며, 물수지(收支) 등의 수문 조건에 대해 등질성을 고려하면 수문지역을 정의할 수 있다(가야네(根櫃), 1972)[4]. 이 수문지역을 대상으로 물순환 정보를 수집하면 지역에 대응하고 인간사회에 환원할 수 있는 성과를 축적하고 사회에 피드백시키는 것이 가능하다고 생각한다. 그림 10.1은 글로벌과 로컬의 관계 모식도 중추모델(프레임워크)이다. 글로벌 내에는 다수의 로컬지역이 포함되며, 각 지역 내에는 다시 분할된 지역이 포함된다. 지역 간에는 상호작용을 하고, 많은 지역이 세계 내에서 어떤 타협을 하면서 존재하는 것이 현실이다. 지역별로 고유의 물이용 · 물순환이 있고, 지역은 그에 적응하고 있다. 인간생활과 관련된 수문현상은 좀 더 작은 지역 단위에 의해 지배되는데, 이를 큰 공간스케일에서도 평가하기 위해 GIS 기술을 이용할 수 있다.

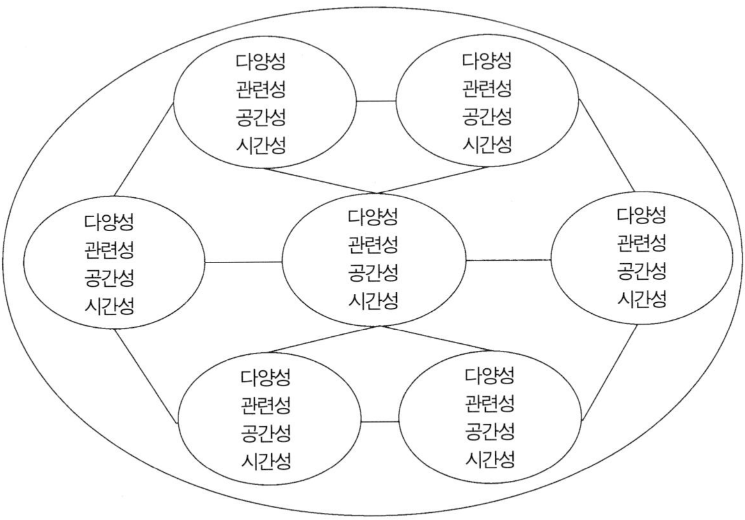

그림 10.1 **글로벌과 로컬의 관계**

10.2.2 레이어 구축시 원격탐사(리모트센싱) 이용

GIS에 의한 환경분석 요점은 환경을 구성하는 다양한 요소를 최대한 집적하여 상호 관련성을 밝히는 것이다. GIS는 공간적 특징을 분석할 수 있으며, 시간적으로 다른 시간의 공간정보를 레이어로 구축할 수 있기에 시계열분석도 가능하다. 이런 구조 내에서 새로운 관계를 발견해내는 것이 문제해결로 이어지는 하나의 과정이 된다.

환경을 구성하는 다양한 요소를 포괄적으로 인식하기 위해서는 GIS의 각 레이어에 다양한 요소가 구축되어야 한다. 물순환을 포함한 환경 부분은 준비된 기존 정보만으로 문제해결이 어렵기 때문에 이 경우 계속해서 발전을 거듭해가는 원격탐사(리모트센싱)는 새로운 공간정보를 만들어내는 중요한 방법이다.

글로벌 스케일 모델에 공급하는 리모트센싱 정보는 토양수분, 식생 정보, 설빙 정보 등이 있으며, 지역에 따라 원격탐사(리모트센싱)에 의한 정보 추출 방법은 매우 다양하다. 토양수분이나 지표면 온도 같은 물리량 또는 식생지수 같은 지표는 리모트센싱 데이터에 의한 고차 정보 자체이며 수문 정보이기도 하지만, 이들을 판독함으로써 추출해낼 수 있는 정보 또한 매우 다양하다.

표 10.1은 증발산, 침투, 지하수 유출 같은 수문소과정(水文素過程)별로 가능하다고 생각되는 정보추출방법에 대하여 정리한 것이다. 여기에는 단순히 물리량(토양수분, 강수량 등) 추출만이 아닌 수문소과정과 원격탐사(리모트센싱)에 의한 멀티 스펙트럼 정보 간의 경험적 관계를 토대로 추정 가능한 정보 및 판독에 의해 추출 가능한 정보도 포함하고 있다.

예를 들어 증발산량이 식생지표와 정(+)의 상관관계가 있다는 것은 여러 연구에 의해 도출되었고(예. Kondoh, 1995)[5], 어떠한 시간 · 공간스케일의 증발산량을 구할 수 있는지 밝혀내면 충분히 실용적인 방법이다. 물론 자세한 현지관측으로 구할 수 있는 증발산량의 정확도를 원격탐사(리모트센싱)로 구하는 것은 어렵지만 지상관측망을 고밀도로 전개하는

표 10.1 지역적 관점에서 원격탐사(리모트센싱)의 수문현상에 대한 응용 방법의 예 (곤도, 2003[7])의 내용에 수정 · 추가)

소과정	측정 · 관측항목	간접물리량 · 지식베이스	센서	비고
증발산	차단	식생지표∝LAI∝차단	가시 · 근적외반사율 SAR	경험적 방법
	증산	광합성 속도∝증산속도 식피율∝군락 컨덕턴스	가시 · 근적외반사율 가시 · 근적외반사율	경험적 방법
	증발 억제	보엔 비(比)	열적외 식생지표 · 휘도온도	반경험적 방법
	기타	물리량의 직접 추정 지상관측과의 조합	다양한 방법 가시 · 근적외반사율 열적외	미분적 방법 반경험적 방법
침투	토양수분	건습과 지중수순환의 관계	가시 · 근적외반사율 마이크로파 방사 · 산란	수문학적 지식
	지형	지하수 유동계	광학센서 스테레오페어 간섭 SAR	수문학적 지식
지하수 함양	토양수분	건습과 지중수순환의 관계	가시 · 근적외반사율 열적외 마이크로파	수문학적 지식 열관성 직접 계측
	지형	지형과 지하수 유동계	광학센서 스테레오페어 간섭 SAR	수문학적 지식
지하수 유동	지형	지형과 지하수 유동계	광학센서 스테레오페어 간섭 SAR	수문학적 지식
	지질구조선 (리니어먼트)	균열지하수	광학센서영상판독 SAR	수문학적 지식
지하수 유출	지표면 온도	지하수온	열적외	따뜻함(차가움) 물의 유출
	지형	지형과 지하수 유동계	광학센서 스테레오페어 간섭 SAR	수문학적 지식
	토지피복	식생, 염분집적	광학센서	수문학적 지식
하천 유출	지형	DEM에 의한 낙수선 추출	광학센서 스테레오페어 간섭 SAR	공간정보 분석
	토양의 물리적 특성	식생의 활성∝식생지표 ∝토양구조	광학센서	경험적 관계
	조도	텍스처	광학센서 SAR	경험적 관계

SAR : synthetic aperture reader(합성 개구 레이더), DEM : digital elevation model(수치표고 모델), 간섭 SAR : 약간 다른 궤도에서 같은 장소를 촬영한 SAR 영상을 간섭시켜 표고를 추출하는 기술, LAI : lear area index(엽면적 지수)

것도 실질적으로 불가능하다. 원격탐사(리모트센싱) 영상 내에 포함된 공간정보를 이용하여 증발산량의 공간분포를 추정할 수 있고, 이는 다른 것으로는 대신할 수 없는 원격탐사(리모트센싱)의 이점이다.

표 10.1은 아직 충분한 것은 아니며 앞으로 계속해서 검토해나갈 필요가 있다. 1990년대에는 1992년에 발사한 JERS-1, 1996년의 ADEOS-1, 1997년의 TRMM/PR 같은 일본의 위성, 센서가 지구환경관측에 중요한 역할을 해온 시기였다. 21세기에 들어선 현재 미국의 Tarra, Aqua 위성, 일본의 ALOS 위성(다이치)를 비롯하여 여러 위성이 운용단계에 들어가 지구관측의 황금기를 맞고 있다. 다양한 공간스케일에서 정보추출방법에 대한 다각적인 접근법으로 검토할 필요가 있으며, 이와 동시에 각 성과를 통합하는 시스템으로서 GIS를 이용해나가야 할 것이다.

10.2.3 GIS로 해석해야 할 항목

디지털 지리정보로서의 물순환정보는 속성정보와 공간정보로 나눌 수 있다. 속성정보는 강수량, 하천유량 같은 지점에서의 관측치를 말하며, 기존 데이터베이스 시스템에 의해 간단하게 데이터베이스화할 수 있다. 또한 속성정보는 공간정보와 결합시키면 새로운 정보를 만들어낼 수 있다. 예를 들면, 지형, 토지이용, 식생, 지질, 토양, 기후값 등의 공간정보 내에 하천유역의 흐름에 관한 정보를 두면 지역성에 지배된 유출 특성을 이해하는 것이 가능해진다. 이 밖에도 공간성을 인식함으로써 이해할 수 있는 현상이 다수 존재한다.

여기서 산림의 수원함양 기능에 관한 것을 생각해보자. 습윤지역에 위치하는 건전한 산림이 수원함양 기능을 가진다는 것은 과학적으로도 증명되었다(예. 쓰카모토(塚本), 1998[6]을 참조). 그렇다면 왜 지금까지 논의 대상이 되고 있는 것일까? 여기서 반건조지역을 고려하면 산림의 경우, 수목이 물을 흡수하기 때문에 토양은 심부로 갈수록 건조하다는 사실을 알게 된다. 즉 기후대에 따라 수원함양 기능에 대한 산림의 기능이 다르다는 것이다. 이와 같이 공간적 관점을 도입하면 현상에 대한 이해를 쉽게 할 수 있는 사례가 많다. 그런데 건조지역의 산림이라 해도 인간의 손길이 가해진 소림(疏林)인 경우가 많다. 충분히 시간을 들여 산림이 재생되었다면 산림토양이 발달하여 물을 만들게 되는 현상도 생각해야 한다. 이 경우 시간성에 대한 이해가 중요한데, 이것도 데이터베이스에 의한 축적을 해두면 앞으로 이해가 가능해질 것으로 본다.

물순환 정보를 공간정보로 분석하기 위해서는 베이스 맵이 존재하면 편리하다. 몇 가지 예로 유역구분도나 수문지역도 같은 베이스 맵을 고려할 수 있다. 수문지역도란 수문환경에 관한 기준을 토대로 지역을 구분한 지도이다. 예를 들면 기준으로서 물수지와 계절의 변화를 고려할 경우 물 부족과 잉여를 토대로 한 지역구분도를 그릴 수 있다. 그림 10.2(곤도, 2003 ; Kondoh et al., 2004)[7,8]. 그림은 증발산량의 계산치와 토양수분 저류용량의 맵으로 월단위의 물수지계산을 하여 물부족 및 물잉여량을 계산한 결과이다.

그림에서 얻을 수 있는 정보는 많다. 예를 들면 몬순 아시아의 특징으로 건조와 습윤지역이 서로 연접해 있다는 것을 들 수 있다. 이는 수자원의 개발 · 관리를 고려할 경우 중요한 시사점을 제공해준다. 동아시아에서는 북쪽 내지 서북 방향으로 건조가 진행되는데, 진행 부근을 경계로 하여 물잉여지역과 물부족지역이 접해 있다. 중국 남부의 풍부한 물을 중국 북부로 끌어들이는 '남수북조(南水北調)'는 이러한 지역성을 이용한 도수 프로젝트라는 것을 쉽게 이해할 수 있다.

지역의 물 문제를 이 그림에서 평가하면 문제의 성격을 명확히 판단할 수 있다. 예를 들면 차오프라야 강 중하부 유역에는 건조지역인 D지역이 존재하지만, 느끼기에는 일년 내내 물이 풍부한 것처럼 보인다. 이 지역은 원래 우기에 일모작지역이었는데, 1960년대 이후 거대한 댐 건설과 관개 시스템 정비에 의해 건기에도 재배가 가능해지기 시작했다. 하지만 1990년대 초기에는 댐의 저수량이 사수(死水) 레벨 가까이까지 떨어져(신타니

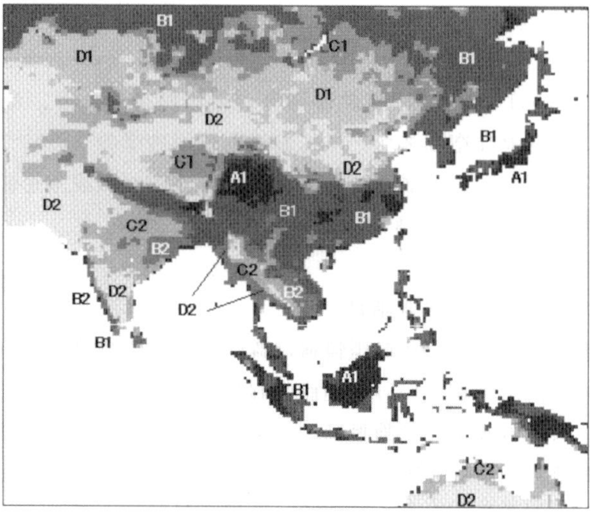

그림 10.2 **몬순 아시아의 수문지역(곤도, 2003 ; Kondoh et al., 2004)[7,8]**

A1 : 1년 내내 물 잉여가 있고 총 잉여량이 400mm 이상
A2 : 1년 내내 물 잉여가 있고 총 잉여량이 400mm 미만
B1 : 물 잉여와 물 부족이 있는 달이 있고 물 잉여가 많은 편이며 물 부족량은 200mm 미만
B2 : 물 잉여와 물 부족이 있는 달이 있고 물 잉여가 많은 편이며 물 부족량은 200mm 이상
C1 : 물 잉여와 물 부족이 있는 달이 있고 물 부족이 많은 편이며 물 부족량은 200mm 미만
C2 : 물 잉여와 물 부족이 있는 달이 있고 물 부족이 많은 편이며 물 부족량은 200mm 이상
D1 : 1년 내내 물 부족이 있고 총 물 부족량이 200mm 미만
D2 : 1년 내내 물 부족이 있고 총 물 부족량이 200mm 이상

(新谷) 외, 1994)[9], 물 위험 우려가 항상 존재하고 있다. 다수의 시점을 토대로 한 베이스 맵 내에 지역을 플로트함으로써 물 문제에 대한 이해와 대책을 선정할 수 있다.

10.3 GIS를 구동하는 지식 정보

물순환 정보를 공간정보로 정비했다면 이것으로 물순환에 대한 분석을 할 필요가 있다. 그러기 위해서는 수치정보와 함께 현장에서의 경험을 동시에 집적할 필요가 있다. 이러한 경험은 학술지나 보고서, 단행본에 기록되어 있는 것도 많지만 대부분은 개인의 판단으로 축적된 것이 많다. 물

문제가 해결해야 할 가장 시급한 과제로 인식된 현재는 그런 경험도 최대한 활용할 필요가 있다. 현재 일본인의 생활수준을 앞으로도 유지하려면 보다 현명한 물순환관리가 필요하며, 이를 위해서는 경험정보도 GIS상의 데이터베이스로 축적해야 할 것이다.

일본의 대표적인 국어사전인 '코지엔(広辞苑)'(제5판)에 따르면 지식 베이스는 데이터베이스와의 연상에서 생겨난 말이며, 특정문제를 해결하는 데 필요한 지식을 체계적으로 집약한 것이라고 나와 있다. 인공지능 응용시스템에 이용되며, 즉 컴퓨터 의료진단 시스템 등이 이에 해당한다. 그러나 물순환에 관한 여러 가지 문제를 해결하려면 공간적으로 문제를 파악해야 한다. 즉 지역성을 배려할 필요가 있다. 홍수 문제에서 습윤 변동대에서 일어나는 홍수와 대륙의 몬순지역에서 일어나는 홍수는 양상이 전혀 다르다. 일본의 경우 홍수는 대부분 재해이지만 동남아시아지역에서는 고맙게 여기는 경우도 있다. 하지만 도시화의 진전과 함께 고마움이 재해로 변질되는 경우도 있다(예. 하루야마(春山), 1991)[10]. 이 경우에는 과거의 공간정보를 사용한 시계열분석도 중요하다. 지식정보를 사용해 GIS에 의한 공간분석 퍼포먼스를 높이는 방식에 대해서는 관련 사례를 소개한 곤도(近藤, 2003)[7]를 참조하기 바란다.

10.4 수문대순환과 GIS

현재 전세계인이 안고 있는 가장 큰 문제는 지구온난화에 의한 기후변화일 것이다. 그 영향평가에 대해 사회학적 측면에서는 아직 더 논의해야 할 여지가 많지만 가까운 미래에 지구가 어떻게 될지에 대해서는 세간의 관심이 일치하고 있다. 지구단위로 미래를 정량적으로 예측하기 위해서는 컴퓨터를 이용한 모델로 시뮬레이션하는 방법에 의존할 수밖에 없다. 모델에도 그 사용방식에 대해 여러 가지 견해를 토대로 한 종류가 있는데,

대기대순환 모델(GCM)은 현실적인 변수를 사용해 각 프로세스를 최대한 물리적으로 의미 있게 구성하고 여기에 피드백으로 이어지는 것의 변화를 동시에 파악하는 것이 목적이다(마스다(増田), 1991)[11]. 이러한 연역적인 방법을 토대로 한 모델은 그 초기조건이나 환경조건의 정확도가 결과의 정확도에 크게 영향을 미친다.

GCM에서의 경계조건으로 필요한 매개변수는 알베도(일사의 반사율), 토지이용이나 식생분포 등 여러 가지가 있는데 이용 가능한 데이터가 지구단위에서 동일한 정확도로 이용할 수 있는 것은 아니다. 식생에 대해서는 NDVI(normalized difference vegetation index)로 대표되는 위성 데이터로 구할 수 있는 식생지표의 이용이 발전하고 있으며, 식생의 공간적 분포와 계절변화, 나아가서는 최근의 변동도 확실하게 알게 되었다. LAI(leaf area index : 엽면적 지수) 등의 모델로 이용할 수 있는 매개변수 판독에 이용되고 있다. 하지만 현실적으로 식생의 다양성은 우리가 지구단위로 상세히 지도화할 수 있을 만큼 단순하지 않다. 그 외 모델에 필요한 물리량의 분포를 지구 전체 단위로 직접 위성관측하여 구하는 것도 아직 어려움이 따르지만 강수량, 적설범위, 해수분포 등에서 성과가 나오고 있다.

수문대순환을 연구하는 데 있어 중요한 것은 풍부한 양의 래스터 데이터 핸들링과 가시화기술이다(마스다(増田), 2001)[12]. 모델러 입장에서는 프로그래밍으로 각각의 모델에 대응시키는 것이 가장 편한 방법이다. 이런 래스터 데이터의 이용방법도 개념으로서의 GIS라고 할 수 있다.

일본이 자랑하는 고속 컴퓨터인 지구 시뮬레이터로 실행한 온난화예측 계산에서도 그 분해능은 수십 km의 오더이다. 대기와 해양계산에서는 이 정도의 분해능도 용인할 수 있지만 지구표면의 약 30%를 차지하는 육지 표면의 다양성은 km 오더로는 표현하는 것이 어렵다. 물론 모델은 현실의 모방이라기보다는 지구 시스템에 대한 임팩트의 중요한 응답을 알기 위해 사용되는 도구이다. 지구는 아직 우리가 전체를 이해하기에는 너무 복잡하지만 GIS나 리모트센싱기술 자체와 데이터베이스의 충실화에 의해 GCM 같은 모델로 성과를 피드백하면서 나선적으로 인식을 깊이해가는 것이라 볼 수 있다.

10.5 수문중순환과 GIS

유역단위의 물순환을 대상으로 한 GIS는 최근 통합적 유역관리가 필요하다는 주장이 강하게 인식되어 데이터정비가 급속히 발전되고 있는 분야이다. 그 배경에는 도시화의 진행, 산업구조의 변화, 산촌의 과소화 또는 극단적 기상현상 빈발 등의 사건이 하천의 흐름이나 수질을 크게 변화시키고, 경우에 따라서는 도시형 홍수 같은 재해를 일으키는 현실이 있다. 또한 1997년 하천법 개정에 의해 환경을 중시하는 것이 명문화되고 유역관리방식에 대해 지역주민의 의향을 존중하는 방침이 제시되었다. 2001년 수방법 개정에서는 정보 공개가 중시되어 자치단체의 재해예측도(해저드맵) 정비가 의무화되었다.

이런 흐름 가운데 유역을 단위로 하여 치수 · 이수 · 환경을 포함한 종합적인 관점으로 시책을 입안하거나 효율적인 사업 실시, 합의형성을 위한 자료정비와 공개 등의 목적으로 GIS가 이용되고 있다. 예를 들면 국토교통성에서는 하천에 관한 공간데이터 및 이를 처리 · 이용하기 위한 시스템을 정비하고 업무실시의 기간 시스템 중 하나로 이용을 촉진함으로써 앞으로 증대될 통합화, 투명화, 효율화 등의 여러 가지 요구에 정확한 대응을 하기 위해 하천 GIS 구축을 추진하고 있다.

한편 강우 유출 모델에 대해서는 분포형 유출 모델 이용이 활발해졌다. 이는 유역을 그리드나 TIN(triangulated irregular network : 불규칙 삼각형망)으로 이산화하고 각 요소에 유출현상에 관한 매개변수를 부여하여 유역 출구에서의 유출량을 계산하는 모델이다. 여러 요소의 공간분포를 고려할 수 있기 때문에 GIS와의 정합성이 높고, 토지피복의 개변 효과도 검토할 수 있으므로 수자원이나 재해에 대한 수요관리대책(토지이용 유도, 물이용 유도 · 규제, 물 배분의 재검토, 취배수 계통의 재검토, 우수이용 등)에 이용하는 것도 가능하다.

10.6 수문소순환과 GIS

일본에서는 총인구의 70% 이상이 도시(여기서는 지방자치법에 의한 시)에 거주하고 있다(전국 시장회 홈페이지에서). 도시의 경우는 물이 원거리에서 이송되어 여러 용도로 사용되고 하수로 하류에 배출된다. 이렇게 이용하고 난 후의 오래된 물이 새로운 물로 교체되는 것을 도시 물대사로 파악할 수 있다(단보 · 마루야마 편(丹保 · 丸山編), 2003)[1]. 도시 물대사 과정에서는 강수나 홍수 시의 유출 등 사용하지 않는 물은 물대사 시스템에 도입하지 않고 강제로 배수시키는 방법을 취해왔다. 배수가 잘 이루어지지 않았을 경우에는 도시형 홍수를 일으켜 지역주민에게 피해를 가져오게 된다.

도시 물대사는 고도의 기술과 관리시스템에 의해 유지 · 운용되고 있는데, 물순환에 관한 상수나 하수의 배관관리는 전선이나 가스관의 관리와 함께 일찍부터 GIS가 응용되어 온 분야이다. 최근의 도시형 홍수는 하수관의 배수능력을 넘는 유량집중에 의해 맨홀에서 물이 분출되는 사태도 생기고 있다.

GIS에 의해 관리된 하수도 시스템은 유출 모델의 경계조건으로도 이용할 수 있고, 도시의 배수 기능 평가에 GIS와 분포형 유출 모델을 조합시킴으로써 도시형 홍수의 예측도 가능해지고 있다.

도시화된 지역에서 홍수나 수질오염 같은 물문제는 대부분의 경우 주민과 물순환의 분단에 기인하는 경우가 많다. 즉 주민이 지역의 물순환을 신경쓰지 않았기 때문에 문제가 생기는 것이다. GIS에 의한 물순환과정을 가시화하는 것은 도시·지역이 물순환에 대해 책임을 갖게 하는 것으로 이어져 안전·안심하고 쾌적한 사회구축에의 기반이 될 것으로 여겨진다.

10.7 소결

GIS는 위치(경도·위도)나 공간에 대응시킨 데이터(속성)를 관리하고 공간적 분석을 하는 시스템이다. GIS에 물순환에 관한 정보를 위치시킬 수 있다면 지식 정보를 참조로 하여 물순환에 대한 분석, 문제해결 지침을 얻을 수 있다. 그 과정을 정리하면 다음과 같다.

- 공간정보기반의 집적
- 관측이나 원격탐사(리모트센싱)에 의한 양적 정보의 집적
- 수문학적 경험·지식에 관한 질적 정보의 집적, 즉 지식기반 데이터 구축
- 지리정보시스템에 의한 데이터베이스 구축
- 지리정보시스템의 운용, 공간분석

완성된 시스템을 잘 운용하면 데이터베이스에 포함된 수문학적 경험·지식으로 지역에 환원할 수 있는 지혜를 만들어낼 수 있다. 그러기 위해서는 어떤 정보를 집적해야 좋을까, 이는 지역을 구성하는 요소의 다양성, 관련성, 공간성, 시간성을 인식하는 센스가 필요하다. 향후 환경 연구가 종합적으로 이루어져야 한다는 것은 잘 알려져 있지만 이를 실현하는 중요한 방법은 데이터베이스이다.

그 구축에 관해 원격탐사(리모트센싱)는 늘 중요한 시간·공간정보의 제공 소스이다. 20세기는 글로벌을 저공간분해능으로 본 시대였다. 이에 의해 큰 스케일의 현상을 이해할 수 있게 되었다. 그러나 21세기는 글로벌을 고공간 분해능으로 보는 시대이다. 지구표층은 매우 다양하지만 글

로벌 시점만으로는 다양성이 노이즈될 가능성도 있다. 하지만 지역관점으로 보면 노이즈처럼 보였던 현상이 시그널이며, 이를 파악하면 지역에 공헌할 수 있는 성과를 창출해낼 수 있다.

물론 글로벌을 세분화하면 로컬이 되는 것은 아니다. 물순환과정을 고려하면 수치모델의 분해능을 올리면 개개의 소과정을 표현하는 미분방정식의 각 중요성이 달라진다. 다양한 공간스케일의 현상 인식을 계층적으로 하는 방법은 현장에서의 경험으로 만들어진 것이며 이러한 다층적인 공간정보의 집적도 GIS의 중요한 기능이다.

지역 문제를 이해하거나 해결했다면 그 성과는 글로벌한 관점에서 이루어져야 한다. 그렇게 함으로써 지역 간의 이해가 이루어지고 물문제나 물재해에 대한 적절한 방법을 선택하거나 개발하고 또는 기후변화에 대한 실질적인 영향평가를 할 수 있게 된다. 그러나 지역을 다루는 개별성의 과학은 일반성의 과학과 비교했을 때 충분한 어필을 하지 못한 것 같다. 이는 개별 성과에 대한 프레임 워크가 존재하지 않았던 것을 이유 중 하나로 들 수 있다. 원격탐사(리모트센싱)와 GIS를 이용할 수 있게 된 현재로서 가장 중요한 과제는 GIS에 의한 프레임 워크 작성과 지역의 지식집적에 의한 지식 베이스 구축이다. 다양한 지리정보(공간정보)와 수문학적 경험 · 지식을 지리정보 데이터베이스로 집적하고, 인간의 능력에 의해 운용하여 분석을 얻는 것이 중요하다. 원격탐사(리모트센싱)는 늘 중요한 시간 · 공간정보의 제공소스이며, GIS는 지역성을 집적하는 공간적 시스템이라고 말할 수 있다.

인용문헌

1) 丹保憲仁・丸山俊朗編（2003）：水文大循環と地域水代謝，222p，技法堂出版．
2) 田中　正（1989）：流出．気象研究ノート No. 167「水循環と水収支」（榧根　勇編），pp. 67-89，日本気象学会．
3) 榧根　勇（2001）：地域について総合的に考える．地理，**46**(12)：12-17．
4) 榧根　勇（1972）：モンスーンアジアの水文地域．東京教育大学地理学研究報告，**XVI**：33-47．
5) Kondoh, A. (1995)：Relationship between the Global Vegetation Index and the Evapotranspirations derived from Climatological Estimation Methods. *Journal of the Japan Society of Photogrammetry and Remote Sensing*（写真測量とリモートセンシング），**34**(2)：6-14.
6) 塚本良則（1998）：森林・水・土の保全一湿潤変動帯の水文地形学一，152p，朝倉書店．
7) 近藤昭彦（2003）：水文学へのリモートセンシングとGIS技術の応用．地理学評論，**76**(11)：788-799.
8) Kondoh, A. *et al.* (2004)：Hydrological regions in monsoon Asia. *Hydrological Processes*, **18**：3147-3158.
9) 新谷　渡ほか（1994）：チャオプラヤ川流域の水資源危機とその対策．水文・水資源学会誌，**7**：520-528.
10) 春山成子（1991）：タイ中央平原における近年の水害の変化について．地学雑誌，**100**：284-297.
11) 増田耕一（1991）：気象学（特に大気大循環モデル）は地球科学現代化の手本になりうるか．月刊地球，**13**：594-601.
12) 増田耕一（2001）：気候学とGIS．GIS一地理学への貢献（高阪宏行・村山祐司編），pp. 39-57，古今書院．

11 경관과 GIS

11.1 환경의 계층성과 경관

인간활동의 확대와 함께 환경에 대한 영향도 광역적으로 이루어지고, 그 관리에 관해서도 보다 더 넓은 범위를 다루어야 한다는 필요성이 높아지고 있다. 자연환경의 보전 · 관리에 관해서는 유역을 단위로 하는 접근법이 있지만 보통 어떤 산림이나 초지의 한 집합(패치나 생태계)을 대상으로 하는 것이 일반적이었다. 그러나 생물다양성 보존이라는 과제가 부각되면서 여기에 그치지 않고 산림이나 초지의 통합을 다수포함한 범위를 대상으로 해야 한다. 이런 공간적 단위를 경관(독일어 : Landschaft, 영어 : landscape)이라고 한다. 예를 들어 농촌경관은 논, 저수지, 밭, 수림이나 농가 등으로 구성되며, 도시경관은 주택지, 공원, 학교, 상업시설 등으로 이루어진 토지의 집합이다.

자연계는 계층성을 이루고 있고[1], 수목이 모여 수림 패치를 이루며, 몇몇 수림 패치로 산림경관이 구성된다. 여러 개의 경관집합을 지역(region)이라고 한다. 미국의 경관생태학자 포맨(Forman)은 이러한 자연계의 계층적 구조를 그림 11.1과 같이 표현했다[2]. 환경의 사상(事象)을 다루기 위해서는 어떤 계층을 대상으로 다룰 것인지 정확히 판단해야 하는데, 그 안에서 경관이라는 계층은 인간활동이 일으키는 다양한 사상을 다룰 때 가장 적합한 스케일이라고 볼 수 있다.

원래 지리학적인 용어로 사용되었던 경관이라는 말은 '경관(景觀)', '경역(景域)', '경상(景相)' 등으로 해석되기도 한다. 이 용어의 해석에 있어서 주체가 되는 인간의 시각적인 미적 요소를 더하는 경우와 그렇지 않은 경우가 있는데, 예를 들어 일본의 환경영향평가(환경평가)에서는 '경관'의 경우 미적 요소를 포함한 의미로 사용되고 있다. 이 장에서는 눈으로 봤을 때의 경치가 아닌 공간을 이루는 구성요소의 집합으로서의 실체를 가리키는 용어로 '경관'이라는 말을 사용한다.

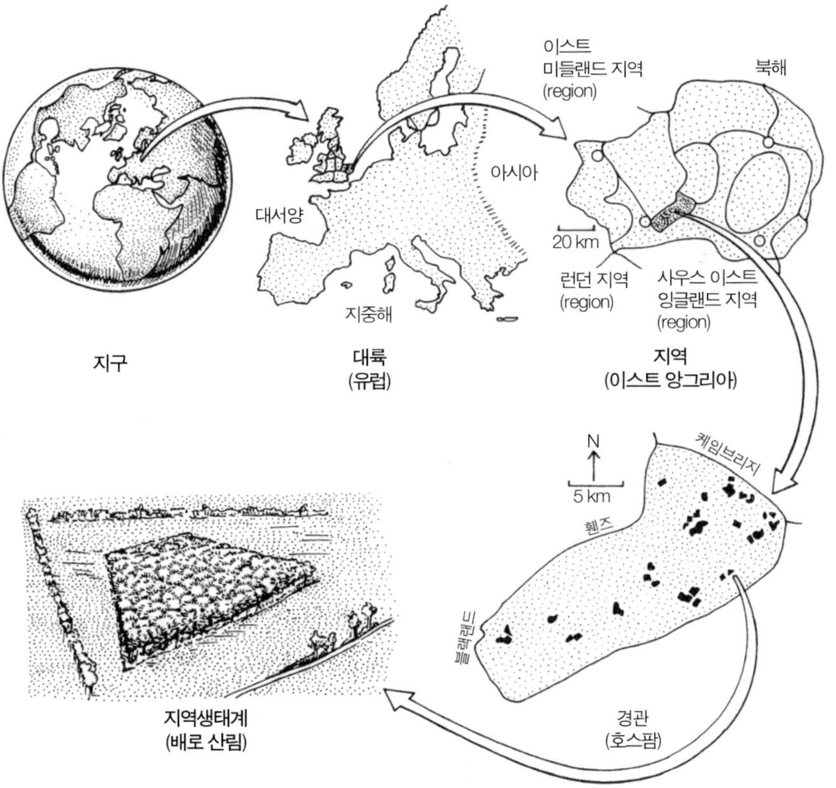

그림 11.1 **토지의 공간적 계층 구조**

몇몇 생태계로 경관이 구성되고, 경관이 모여 지역(region)을 구성함

11.2 경관생태학(Landscape Ecology)

최근 10년 사이에 경관 분야가 널리 퍼지게 된 배경 중 하나로 경관생태학(ecology)의 활성화를 들 수 있다[2~5]. 생물과 환경의 관계를 연구하는 학문인 생태학은 주체가 되는 생물 자체나 생물과 무기적 환경요소의 집합체인 생태계를 연구대상으로 하는 학문으로 발전해왔다. 1930년대에 항공사진을 이용해 토지의 구조와 변화에 대한 연구를 해온 트롤(Troll, 1939)[6]은 경관을 대상으로 하는 연구 분야에 Landschaftsökoligie (경관생태학)라는 명칭을 붙였다. 이후 수많은 학문적 논쟁을 거쳐 유럽(Continental Europe)에서는 지역계획이나 환경관리, 비오톱 관리 등의 응용 분야를 다루는 학문으로 경관생태학이 정립되었다. 한편 북미의 생태학자 중에서 연구대상 스케일을 올리면 새로운 생태적 현상을 발견할 수 있다고 밝혀내 '경관 스케일의 생태학'이 발전되었다. 이와 같이 유럽과 북미의 각 연구 흐름이 1980년대에 융합되어 새로운 경관생태학이라는 학문 분야가 크게 발전하였다. 상징적으로 미국 하버드대학의 포맨과 프랑스의 툴루즈 고드론(Godron) 공동 저서 "Landscape Ecology"(1985)의 발간이다. 이 책은 두 가지 연구 흐름을 대표하는 두 연구자에 의해 통합적인 경관생태학의 텍스트로 만들어져, 이후 경관생태학 발전에 큰 영향을 미쳤다.

특히 앞서 말한 것처럼 인간활동의 범위가 확대됨에 따라 경관 스케일로 연구하는 것에 대한 중요성이 인식되었으며, 이는 경관생태학이 발전하는 데 큰 요인이 되었다. 이 경관 스케일에서 토지는 이질성(heterogeneity)이 풍부한 몇몇 다른 생태계의 모자이크로 파악된다. 이러한 이질성을 포함한 공간에서의 생태현상을 해명하는 것은 자연환경관리 면에서 중요하다는 것이 여러 연구를 통해 밝혀지고 있다. 특히 동물은 각 단계에서 다른 생태계를 생식지로 하여 이동하면서 생활하고 있다. 예를 들면 개구리 같은 양서류나 잠자리 같은 곤충류는 유생 시기와 성체의 생식

환경이 수역에서 육역(공역)으로 변한다. 이러한 보전문제에 관해 경관 스케일의 견해를 빼놓을 수 없다. 대형 포유류나 맹금류는 여러 생태계의 집합체인 경관 스케일의 광대한 생활범위를 필요로 한다. 또한 환경문제의 가장 중요한 과제 중 하나는 생물다양성 보전에 관해서 생태계의 집합체인 경관이라는 스케일의 접근법이 불가결하다.

11.3 경관의 구조 · 기능 · 변화

경관생태학에서는 경관의 구성단위로 에코톱(ecotope)을 생각할 수 있다. 특히 유럽의 연구자 사이에서는 이러한 견해가 강하다. 그림 11.2는 에코톱 개념도를 나타낸 것이며, 경관의 기본단위가 되는 에코톱은 일반적으로 물리적(토지적) 환경을 나타내는 피지오톱(physiotope)과 생물적 환경으로서의 비오톱(biotope)이 일체화된 것으로 이해된다. 이 개념도는 GIS 소프트웨어의 벤더인 ESRI의 텍스트에 게재되어 있는 개념도[7](그림 11.3)와 유사하다는 것을 알 수 있을 것이다. 이는 자연계에 대한 경관생태학과 GIS 두 연구자의 견해가 유사하기 때문이다.* 여기서 알 수 있듯이 경관의 구조분석에 GIS는 큰 위력을 발휘한다[8]. 특히 지형이나 지질, 그리고 식생이나 토지이용을 중첩(overlay)하여 에코톱을 추출하고 자연환경보전에 이용하는 것은 일본에서도 자주 이용되고 있다[9,10]. 경관에 있어서 지형이나 지질은 중요한 구성기반이지만 토지의 변화가 심한 곳에서는 최신 정보가 충분하지 않은 경우도 많아 이를 다루는 데 많은 노력이 들기 때문에 지표의 토지이용단위를 경관의 구성단위로 하는 경우도 있다. 이는 북미의 연구자에게서 많이 나타나고 이 경우에는 경관요소(landscape element)라는 말로 표현하는 것이 일반적이며, 생태계나

* 역주. ESRI라는 회사명이 Environmental Systems Research Institute라는 것에서도 알 수 있듯이 환경을 대상으로 하여 GIS를 개발해왔기 때문일 것임

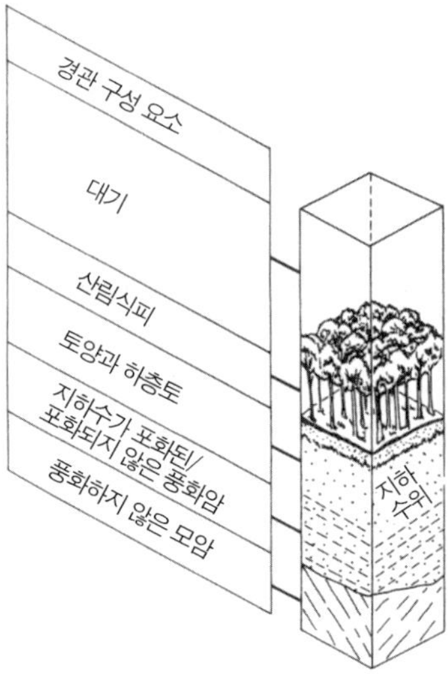

그림 11.2 **에코톱의 개념**4)

주. 경관의 구성요소인 에코톱은 토양 등의 요소와 지상의 식생 등으로 구성됨

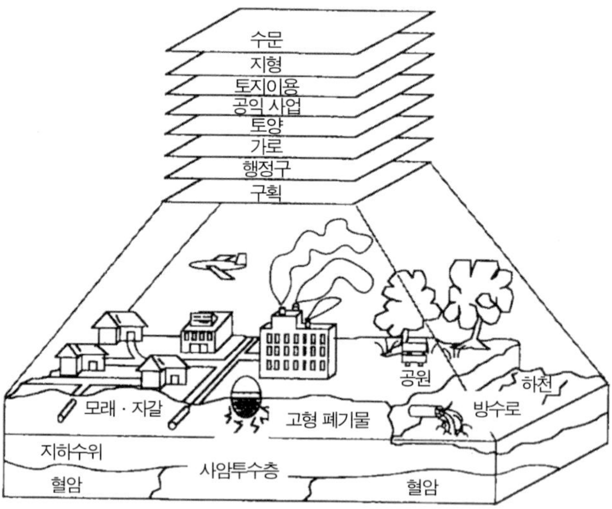

그림 11.3 **GIS의 관점에서 본 현실 세계**5)

주. ESRI의 텍스트에서 볼 수 있는 현실 세계의 개념도. 몇 개의 관련된 레이어로 구성됨

패치(patch)라는 용어로 표현되는 경우도 많다.

경관을 구성하는 요소를 패치라고 하는데, 하천이나 도로처럼 가늘고 긴 구조의 요소를 코리도(corridor)라고 한다. 그리고 경관의 기질이라고도 말할 수 있는 주요 구성요소를 매트릭스(matrix)라고 한다. 경관은 패치와 코리도와 매트릭스로 구성되어 있다고 볼 수 있다. 포맨은 이 세 가지가 다이내믹하게 상호작용하며 그 결과 경관이 변화한다는 것의 중요성을 지적하고, 경관의 구조를 표현하는 모델로 패치-코리도-매트릭스 모델(patch-corridor-matrix model)로 정리하여 경관의 구조와 기능에 대한 이해를 깊이 하고 있다[2)].

일반적으로 경관은 기후, 지형, 토양, 그리고 생물간의 상호작용, 인간의 활동과 자연의 교란 등에 의해 완성된다. 보통 어떤 일정조건 하에서는 같은 형상이 나타나며 특유의 토지 패턴을 만든다. 자연계에서는 일반적으로 이 패턴을 크게 규정하는 것이 우점식생의 공간분포이다. 식생은 광역적 스케일에서는 그 토지의 기후영향을 크게 받는다. 또한 보다 소역적인 스케일에서는 지형이나 토양의 영향이 크다. 한편 자연의 천이나 교란도 경관패턴을 형성하고 프로세스에 영향을 미치는 중요한 요소이다. 그리고 경관을 구성하는 하나하나의 생태계 상호간의 위치관계, 즉 경관배치구조(landscape configuration)[5)]가 경관의 질적인 특성으로서 큰 의미를 지닌다. 인접한 두 생태계의 조합이나 징검돌 모양으로 존재하는 생태계의 연결성 등은 생물의 생식지로서 질을 고려할 때 특히 중요하다.

또한 유럽이나 일본 등 오랜 역사적 세월에 걸쳐 농림업이 이루어져 온 곳에서는 그 영위 자체를 문화라고 부를 수 있을 만큼 의미가 크며 경관의 형성과 유지, 변화에 큰 영향을 미치고 있다. 그리고 도시경관은 인간의 영위에 의해 인공적으로 형성된 것이며, 지역이나 형성 과정의 특성에 의해 다양한 구조와 기능을 가진 공간이 형성되고 있다.

11.4 GIS에 의한 경관분석

경관 자체는 지형과 식생 등 토지피복/이용(landcover/use)의 중층적 구조로 되어 있지만 이는 GIS의 중첩(overlay)과 아날로지로 이어진다. 이미 GIS의 기술이 발전되기 이전에 경관 아키텍트인 맥하그(McHarg)[11]에 의해 이러한 경관의 중층적 구조가 지적되었다. 앞에서도 말했듯이 경관의 요소가 되는 에코톱은 지형과 지질이라는 조건과 그 위를 덮는 식생이나 구조물 등을 하나의 유닛으로 보는데, GIS에서는 토지 각각의 구성 요소를 레이어로 다룬다. 경관이라는 구조 자체가 GIS와의 친화성이 높다는 것을 쉽게 이해할 수 있다. 또한 경관 내에서 일어나는 다양한 자연 · 사회적 사상을 GIS상에서 중첩(overlay)하여 표현하고 분석하는 것이 가능해진다[12].

1990년대에 들어서 GIS기술의 급속한 진보에 의해 토지의 공간구조 분석과 지역계획 등의 모델화 및 시뮬레이션 등의 연구가 발전하여 경관생태학 분야에 급속히 침투하게 된다. 영국의 헤인즈 영(Haines-Young)의 저서 "Landscape Ecology and GIS"(1993)[13]에 의하면 경관생태학에 있어서 GIS의 의의는 ① 광범위한 생태계에 관한 데이터베이스구조 제공, ② 지역(region), 경관, 플롯 스케일간의 데이터 통합과 분리, ③ 조사지나 생태적으로 예민한 토지의 선택 지원, ④ 생태분포의 공간 통계학적 분석 지원, ⑤ 리모트센싱에 의한 정보 추출 향상, ⑥ 생태계 모델링에 있어서 데이터와 매개변수 제공을 들 수 있다.

경관의 구조를 분석하는 GIS 베이스의 프리 소프트인 FRAGSTATS[14]가 개발되어 다양한 경관분석에 응용되고 있다. 한편 하라(原, 1996)[9]는 경관 연구에서 GIS 이용을 다음과 같은 다섯 단계로 정리하였다. [제1단계] : 디지털지도 작성, [제2단계] : 지형분석이나 경관구조 분석, [제3단계] : 공간분석, [제4단계] : 각종 모델과의 연계, [제5단계] : 의사결정 지원 정보시스템으로서의 이용이다. GIS가 갖는 정보시스템으로서의 측면을 고려하면 실제 데이터 수집을 비롯한 데이터관리, 검색, 분석을 거쳐 경관관리의 의사결정지원 정보제공까지의 흐름이야말로 중요한 의의라고 할 수 있다.

11.5 자연환경관리를 위한 GIS 이용 – 단자와 자연재생을 예로 –

가나가와현 서부에 위치한 단자와(丹沢) · 오야마(大山) 산지는 옛날에는 오야마 신앙의 근거지로, 1965년에는 국정공원으로 지정되면서 가나가와현 및 수도권 사람들에게 등산을 비롯한 근린 산악지로 이용되어 왔다. 그러나 1980년대 이후 등산객이 증가하면서 등산로 부근의 식생황폐와 대기오염의 영향으로 보이는 전나무류의 고사, 사슴의 지나친 증가에 의한 임상식생 소실로 생기는 토양유출 등 여러 가지 환경문제를 안고 있었다. 이러한 문제의 원인을 밝혀내고 대응책을 수립하기 위해 2004~2006년에 걸쳐 '단자와 · 오야마 종합조사'가 실시되었다[15]. 이 조사에서는 일반적인 자연환경조사와 마찬가지로 동식물 등의 생식목록 · 분포조사(생물의 재생조사), 대기 · 물 · 토양조사(물 · 흙 재생조사)와 함께 사회학적 요소도 도입한 지역자원조사(지역재생조사)와 이들 데이터를 일괄적으로 GIS 데이터로 정비하고 분석하는 조사(정보정비조사)의 네 가지 팀으로 구성되었다. 그리고 각 분야의 기초조사와 함께 단자와가 안고 있는 주요 과제를 해결할 목표로 '특정과제조사'를 설정하여 각 분야를 넘나들며 실행에 옮겼다. 이 종합조사의 전체구조는 그림 11.4에 나타낸 바와 같으며, 단자와의 자율적 자연재생으로 이어지는 과제해결을 목표로 한다. 단자와 · 오야마 산지는 산 정상 부근의 자연성이 높은 곳이기 때문에 산중턱의 임업을 중심으로 한 인공림이 탁월한 지역, 나아가서는 산록 농업을 중심으로 한 낮은 산까지 다양한 환경을 지닌다. 특정과제로 제시된 8가지의 문제는 산지 전체에서 생기는 문제도 있지만 제한된 지역에서만

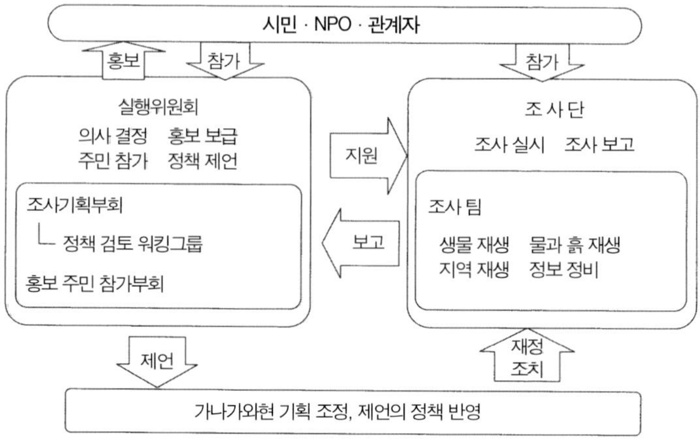

그림 11.4 **단자와 · 오야마 종합조사의 구조**[15)]

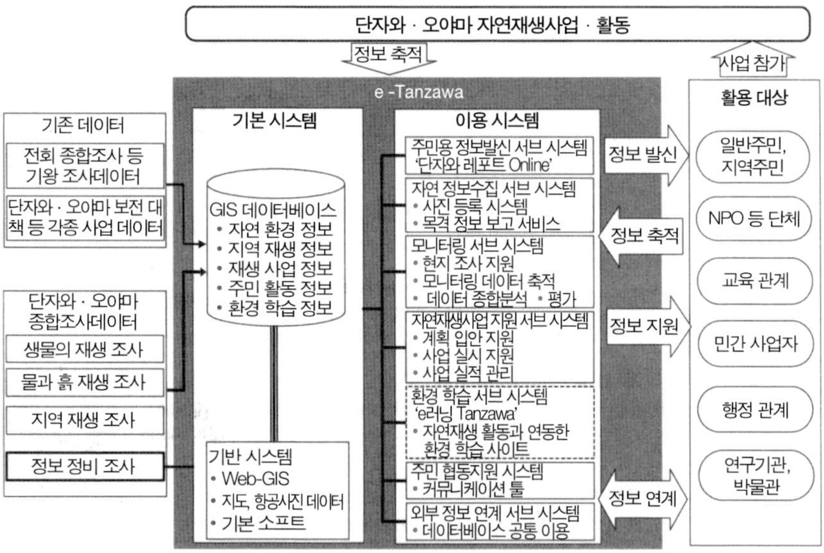

그림 11.5 **e-Tanzawa(단자와 자연환경정보 스테이션)의 구상 개요**[16)]

나타나는 문제도 있었다. 특히 과제해결을 위해서는 자연환경과 사회환경이 비교적 유사한 곳을 정리하여 하나의 단위로 원인을 규명하고 시책에 대응해야 하는 중요성이 인식되었다. 이를 위해 산 자체를 경관이라는 스케일로 보고, 이번 종합조사에서 얻은 데이터를 바탕으로 과제분석을 위해 종합분석을 실시하게 되었다. 종합조사에서는 이 경관을 '경관역(景觀域)'이라는 말로 표현하기로 했다. 또한 이번 종합조사의 성과와 지금까지의 기존 자료에 대해서는 정보정비팀이 중심이 되어 단자와 자연환경정보스테이션 e-Tanzawa16)가 구축되었고(그림 11.5), 여기에 디지털 데이터로 저장하여 나중에 설명할 종합분석에 제공되었다.

11.5.1 4개의 경관역과 특정 과제

여기서는 단자와 전체를 주요 경관요소와 표고에 따라 '너도밤나무숲 경관역', '인공림 · 2차림 경관역', '사토야마* 경관역'의 3개로 나누고 이들을 종단하여 성립되는 '계류 경관역'을 더해 4개의 경관역을 설정했다[17](그림 11.6[18] ; 종합조사에서는 경관이라는 말을 빼고 '너도밤나무숲역'이라는 호칭을 씀). 또한 특정 과제와 경관역과의 관계는 표 11.1에 정리하였다. 너도밤나무숲의 쇠퇴가 너도밤나무숲 경관역, 인공림의 열화가 인공림 · 2차림 경관역, 지역의 자립적 재생이 사토야마 경관역, 계류 생태계의 악화가

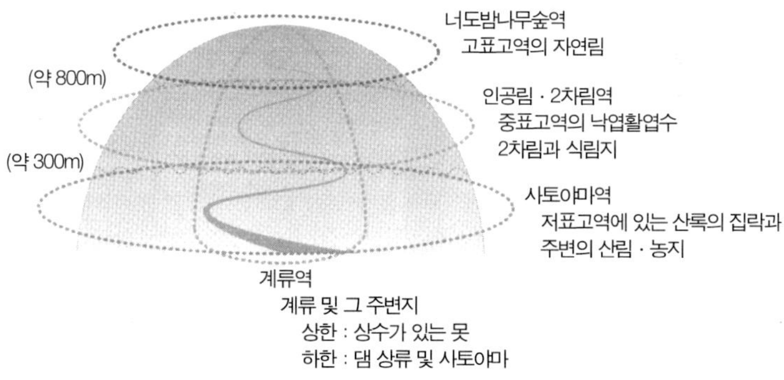

그림 11.6 단자와 · 오야마 종합조사에서 설정된 4개의 경관역[18]
단자와 · 오야마 지역을 '너도밤나무숲역' '인공림 · 2차림역' '사토야마역' '계류역'의 경관(여기서는 '경관역'을 씀)로 나누어 종합적인 분석과 시책을 수립하였다.

* 역주. 사토야마(里山)는 마을에서 가깝고 생활과 밀접한 낮은 산을 일컬음

표 11.1 단자와 · 오야마 지역에서의 특정 과제와 경관역의 관계[15)]

특정 과제	경관역	자연재생 목표
너도밤나무숲의 쇠퇴	너도밤나무숲역	울창한 너도밤나무숲의 재생
인공림의 열화	인공리 · 2차림역	생물과 물, 흙 모두 건전하고 생업도 이루어지는 산림으로 재생
지역의 자립적 재생	사토야마역	다양한 생물이 살며 산의 혜택을 입는 마을로 재생
계류생태계의 악화	계류역	생물과 맛있는 물을 만드는 안심 · 안전한 연못 재생
일본사슴의 영향	경관역을 횡단	단자와 산지의 사슴지역 개체군을 안정적으로 존속시켜 생물다양성 보전과 농림업 피해 경감을 도모
희귀종의 감소		희귀한 생물종의 멸종 방지
외래종의 증가		단자와 및 현 내의 외래종 제거와 침입 방지
자연공원 과잉 이용		산의 재생과 함께 자연 공원의 적정 이용 관리

계류 경관역에서만 나타나는 것에 대해 일본 사슴의 영향, 희귀종의 감소, 외래종의 증가, 자연공원 과잉 이용 등의 과제는 여러 경관역에 걸쳐 나타나고 있는 과제이다.

11.5.2 경관역별 종합분석

종합조사에서는 경관역별로 재생목표를 세우고 현재 발생한 특정 과제에 대해 지금까지의 지식과 이번 조사결과를 바탕으로 과제해결을 위한 종합분석을 실시했다. 이러한 성과는 지리적 위치 데이터를 가진 정보로 e-Tanzawa에 저장되어 각종 종합분석에 제공되었다. 이제부터는 너도밤나무숲 경관역에서의 중요과제인 너도밤나무숲 재생을 예로 들어, 경관역 종합분석에 관한 야마네(山根) 등의 보고[19,20)]를 참조하여 상세히 알아보기로 한다.

단자와 산지의 산림에서는 1970년대부터 오야마의 전나무들이 고사되기 시작했고, 1980년대에는 너도밤나무와 다른 전나무류에도 이런 현상이 나타나게 되었다. 이러한 산림 쇠퇴는 오존 등 대기오염물질의 영향,

병해충과 토양의 건조화 등의 요인이 지적되었다. 이번 종합조사에서는 너도밤나무숲의 쇠퇴와 관련하여 우선 산지 전역의 쇠퇴상황에 관한 상세한 조사를 하여 너도밤나무숲의 쇠퇴가 산지 전역에서 발견되었지만 진행상황은 지구에 따라 다르다는 것을 알아냈다(그림 11.7). GIS에 의한 지형분석결과, 쇠퇴가 진행된 지점은 고지대인 오네(尾根) 부근의 남향 경사면에서 많았으며, 경사각도는 평탄지가 약간 높고 35°를 넘는 급경사면에서는 비율이 낮았다. 또한 GIS 식생도와 중첩(overlay)하여 얻은 분석에서는 이 같은 쇠퇴가 너도밤나무를 포함한 낙엽활엽수 고목에서 모두 나타나는 것은 아니며 너도밤나무숲에만 특징적으로 발견되고 특히 남쪽부터 서향 경사면에 그러한 경향이 두드러지게 나타나고 있음을 알 수 있었다.

쇠퇴와 고사의 요인으로는, 대기오염물질로 오존의 영향이 강했던 것으로 나타났다. 또한 사슴의 먹이활동에 의한 임상식생이 쇠퇴하고 이로 인해 토양이 노출되어 표층 토양의 건조화가 진행되었으며, 그로 인한 수분스트레스가 너도밤나무숲 쇠퇴의 요인으로 지적되었다. 또한 병해충 문제로 부나하바치라는 유충에 의한 피해도 너도밤나무 쇠퇴에 관여하고 있

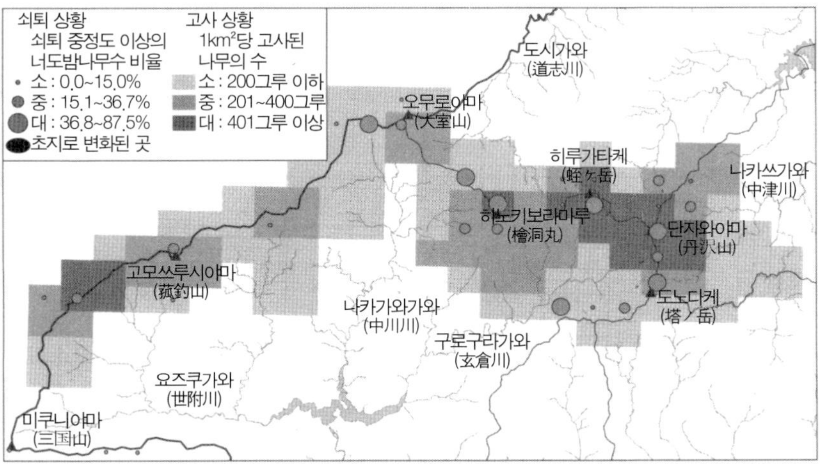

그림 11.7 **단자와 산지에서의 너도밤나무숲 쇠퇴 상황**[19)]

주. 2002~2004년간의 조사를 바탕으로 너도밤나무숲의 쇠퇴 상황과 고사 상황을 나타내고 있음

다는 것을 알아냈다.

이러한 요인은 서로 연관이 있으며 너도밤나무의 쇠퇴에 크게 관여하고 있다. 지금까지의 연구성과로 해당 지역의 너도밤나무 쇠퇴구조가 검토되어 그림 11.8에 나타낸 것처럼 서로 관련을 가지며 쇠퇴를 진행시키고 있음을 밝혀냈다. 이 관련도에 의해 너도밤나무숲 쇠퇴상황이 밝혀지고 구체적인 쇠퇴 위험도가 평가되어 지도상에 나타냈다(그림 11.9). 너도밤나무숲 경관역의 재생을 위해서는 각 지역에 맞는 대책을 검토하고 실시해야 한다. 종합분석에서는 현이 독자적으로 진행하고 있는 사업에 관해 그 지구별 효과를 검토하고, 기존 너도밤나무숲의 쇠퇴상황과 비교하여 시책의 중점지구를 알아낼 수 있게 되었다(그림 11.10).

이상과 같이 경관역이라는 단위로 너도밤나무숲의 쇠퇴라는 과제에 관한 종합조사결과를 GIS상에서 통합 처리함으로써 지역 특성에 맞는 실효성 있는 보전대책을 제시하고 경관 스케일에 환경관리 GIS를 이용하는 것에 대한 유효성을 나타낼 수 있었다. 단자와 · 오야마 종합조사는 2006년에 종료되고 단자와 · 오야마 자연재생계획이라는 이름 아래 재생사업이 진행중이다. 여기서도 계속해서 e-Tanzawa상에 GIS 정보를 비롯한 각종 정보를 축적하여 관계자 간에 공유하고 시책을 수행하는데 도움이 되고 있다.

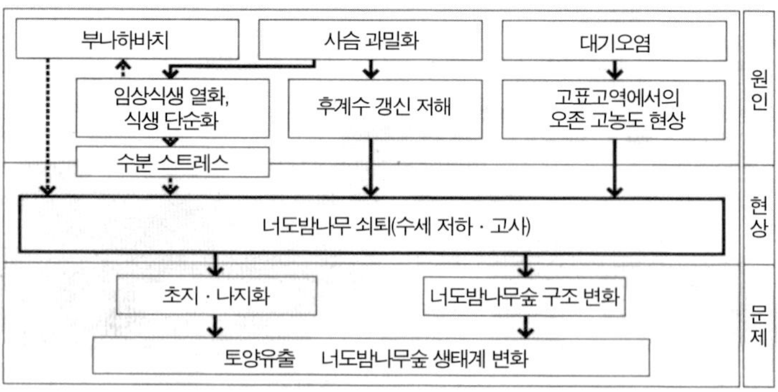

그림 11.8 **단자와 산지의 너도밤나무 쇠퇴를 둘러싼 요인 연관도**[19)]

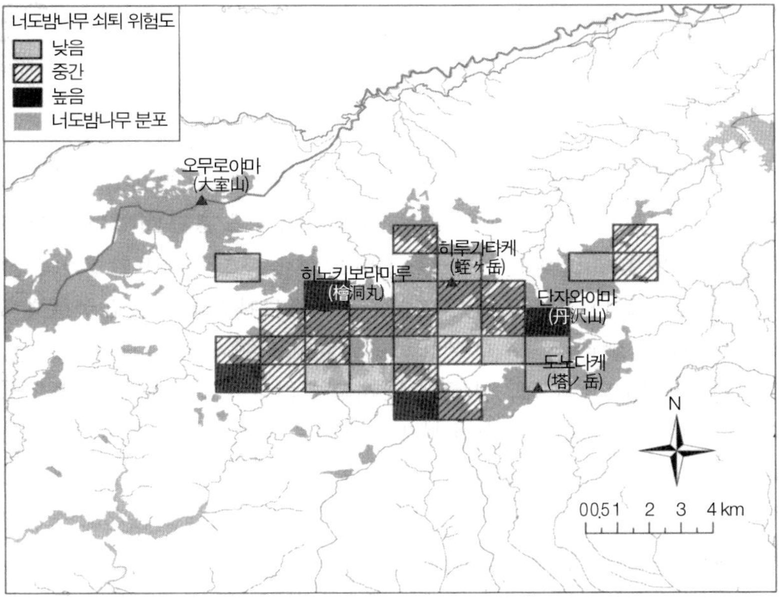

그림 11.9 **단자와 산지의 너도밤나무 쇠퇴 위험도 평가**[19)]

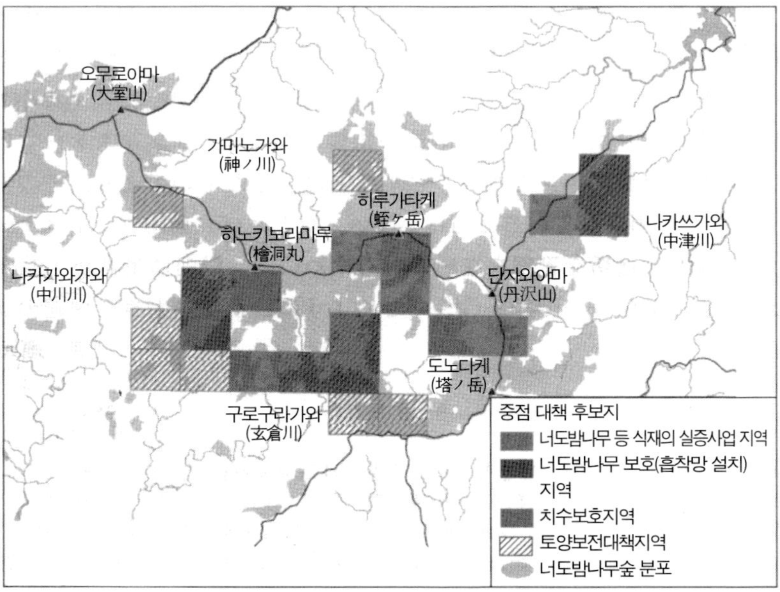

그림 11.10 **너도밤나무숲의 재생에 관한 대책 맵**[19)]

11.6 소결

이 장에서는 실체로서의 경관에 초점을 두어 GIS를 이용한 분석과 관리에 있어서의 이용에 관해 이야기해왔다. 자연환경의 계층성 내에서 경관은 인간의 활동범위를 고려하면 지역의 계획이나 관리단위로 가장 적합한 스케일이라고 할 수 있다. 현재 자연환경의 보전 · 관리와 생물다양성 보전을 위해 각지에서 다양한 정보시스템이 구축되고 있는데, 결과적으로 그 대부분이 경관이라는 스케일을 기본으로 하고 있는 듯하다. 예를 들면 이 장에서 소개한 단자와의 자연환경보전을 위한 e-Tanzawa나 현재 각 현(県) 중에서 가장 먼저 생물다양성 보전 전략을 세워 그 정보시스템 구축을 진행하고 있는 치바현의 경우도 그러하다. 경관을 단위로 한 지역의 환경관리를 추진할 때 GIS는 핵심이 된다. 이 장에서는 다룰 수 없었지만 경관변화라는 관점에서 보면 시공간구조 중에서도 시간구조를 고려한 GIS 표현과 분석이 중요하다[21]. 경관은 자연에 대해 인간이 역사적 세월을 거쳐 만들어온 것이며, 그 영위는 '문화'로까지 높아지고 있다고 할 수 있다. 즉 사토야마 경관을 GIS상에 표현하여 적절한 관리를 해나가기 위해서는 이전에 필자가 소론(小論)[22]에서 지적한 것처럼 '문화'의 요소를 GIS에서 어떻게 다룰 것인가가 큰 과제가 될 것으로 생각한다.

인용문헌

1) 原慶太郎（2007）：自然環境をどう捉えるか．自然環境解析のためのリモートセンシング・GISハンドブック（長澤良太・原慶太郎・金子正美編），pp. 2-7，古今書院．

2) Forman, R. T. T. (1995)：*Land Mosaics*, 632p, Cambridge University Press.

3) Forman, R. T. T. and Godron, M. (1986)：*Landscape Ecology*, 619p, John Wiley & Sons.

4) Naveh, Z. and Lieberman, A. (1994)：*Landscape Ecology*, 2nd ed., 360p, Springer-Verlag.

5) Tuner, M. G., Gardner, R. H. and O'Neill, R. V. (2001)：*Landscape Ecology in Theory and Practice*：*Pattern and Process*, 401p, Springer-Verlag, New York.（中越信和・原慶太郎監訳（2004）：景観生態学，文一総合出版）

6) Troll, C. (1939)：Luftbildplan und ökologische Bodenforschung (Aerial photography and ecological studies of the earth). Zeitschrift der Gesellschaft für Erdkunde, Berlin：241-298.

7) ESRI (1992)：*Understanding GIS*：*The ARC/INFO Method*, ESRI Press.

8) 原慶太郎（1996）：リモートセンシングとGISによる景観解析．景相生態学一ランドスケープ・エコロジー一（沼田　眞編），pp. 20-25，朝倉書店．

9) 横山秀司（1995）：景観生態学，207p，古今書院．

10) 松林健一ほか（2000）：大縮尺でのエコトープの抽出・図化に関する事例研究．国際景観生態学会日本支部会報，5(1)：4-9.

11) McHarg, I. L. (1992)：*Design With Nature*, 208p, John Wiley & Sons.

12) 鈴木雅和編著（2003）：ランドスケープGIS一環境情報の可視化と活用プロジェクト，263p，ソフトサイエンス社．

13) Heins-Young, R. *et al*. eds. (1993)：*Landscape Ecology and GIS*, 288p, Taylor & Francis.

14) McGarigal, K. and B. J. Marks (1995)：FRAGSTATS：Spatial pattern analysis program for quantifying landscape structure. Gen. Tech. Report PNW-GTR-351, USDA.

15) 青木淳一（2007）：丹沢大山総合調査．丹沢大山総合調査学術報告書（丹沢大山総合調査団編），pp. 11-16，平岡環境科学研究所．

16) 山根正伸・笹川裕史・鈴木　透・吉田剛司・羽山伸一・原慶太郎（2007）：e-Tanzawaの概要．丹沢大山総合調査学術報告書（丹沢大山総合調査団編），pp. 647-650，平岡環境科学研究所．（e-Tanzawa：http://e-tanzawa.jp/）

17) 山根正伸・笹川裕史・鈴木　透・吉田剛司・羽山伸一・原慶太郎（2007）：総合調査から政策提言への橋渡しはどのように行われたか．丹沢大山総合調査学術報告書（丹沢大山総合調査団編），pp. 699-702，平岡環境科学研究所．

18) 丹沢大山総合調査実行委員会調査企画部会編（2006）：丹沢大山自然再生基本構想，136p，丹沢大山総合調査実行委員会．

19) 山根正伸・相原敬次・鈴木　透・笹川裕史・原慶太郎・勝山輝男・河野吉久・山上　明 (2007)：ブナ林の再生に向けた総合解析．丹沢大山総合調査学術報告書（丹沢大山総合調査団編），pp. 703-710，平岡環境科学研究所．
20) 山根正伸・笹川裕史（2007）：自然林の解析．自然環境解析のためのリモートセンシング・GISハンドブック（長澤良太・原慶太郎・金子正美編），pp. 159-168，古今書院．
21) Bissonette, J. A. and I. Storch (2008)：*Temporal Dimensions of Landscape Ecology*, 283p, Springer-Verlag.
22) 原慶太郎（1999）：GISを使ってなにができるか．ランドスケープデザイン，**16**：19-21.

찾아보기

ㅊ

ㅋ

ㅌ

ㅍ

ㅎ

기타

[편저자 약력]

시바사키 료스케 柴崎亮介

1958년　후쿠오카현 출생
1982년　도쿄대학 대학원 공학계 연구과 석사과정 수료
현재　도쿄대학 공간정보과학연구센터 센터장, 교수
　　공학박사

무라야마 유지 村山祐司

1953년　이바라키현 출생
1983년　쓰쿠바대학 대학원 지구과학 연구과 박사과정 중퇴
현재　쓰쿠바대학 대학원 생명환경과학 연구과 교수
　　이학박사

[집필진]

도쿄대학 공간정보과학 연구센터	세키모토 요시히데(関本義秀)
국토지리원 측도부	무라카미 히로시(村上広史)
도쿄공업대학 대학원 정보이공학 연구과	오사라기 도시히로(大佛俊泰)
도쿄대학 대학원 공학계 연구과	하토 에이지(羽藤英二)
(독)건축연구소 주택 · 도시 연구 그룹	데라키 아키히로(寺木彰浩)
전기통신대학 대학원 정보시스템학 연구과	야마모토 가요코(山本佳世子)
아오야마학원대학 경제학부	이노우에 다카시(井上 孝)
교토부립대학 대학원 생명환경과학 연구과	다나카 가즈히로(田中和博)
홋카이도대학 대학원 수산과학 연구원	사이토 세이이치(齊藤誠一)
치바대학 환경 원격탐사(리모트센싱) 연구센터	곤도 아키히코(近藤昭彦)
도쿄정보대학 종합정보학부	하라 게이타로(原 慶太郎)

사회기반·환경분석을 위한 GIS

2012년 5월 15일 1판 1쇄 인쇄
2012년 5월 20일 1판 1쇄 발행

편 저 자 시바사키 료스케 · 무라야마 유지
역 자 충남발전연구원
발 행 인 강 해 작
발 행 처 기 문 당
주 소 서울 성동구 무학봉 28길 4-1
(왕십리동 966-22)
전 화 02) 2295-6171(代)~5
팩 스 02) 2296-8188
출판등록 1976. 10. 7 (1-44)
홈페이지 http://기문당
http://www.kimoondang.com
I S B N 978-89-6225-399-3 93540

정 가 15,000원